U0251236

中国建立基于 EGSS 的环保产业统计制度研究

董战峰　秦瑶　周全　李红祥　陈晓飞　等著

中国环境出版集团·北京

图书在版编目（CIP）数据

中国建立基于 EGSS 的环保产业统计制度研究/董战峰
等著. —北京：中国环境出版集团，2018.10
ISBN 978-7-5111-3448-6

Ⅰ. ①中… Ⅱ. ①董… Ⅲ. ①环保产业—经济统计
—研究—中国 Ⅳ. ①X324.2

中国版本图书馆 CIP 数据核字（2017）第 316637 号

出 版 人 武德凯
责任编辑 陈雪云
责任校对 任 丽
封面设计 宋 瑞

出版发行 中国环境出版集团
（100062 北京市东城区广渠门内大街 16 号）
网 址：http://www.cesp.com.cn
电子邮箱：bjgl@cesp.com.cn
联系电话：010-67112765（编辑管理部）
010-67112735（第一分社）
发行热线：010-67125803，010-67113405（传真）
印 刷 北京中科印刷有限公司
经 销 各地新华书店
版 次 2018 年 10 月第 1 版
印 次 2018 年 10 月第 1 次印刷
开 本 787×1092 1/16
印 张 12
字 数 240 千字
定 价 55.00 元

序

联合国环境规划署于 2008 年提出了"绿色经济倡议",并鼓励各国通过"绿色新政"应对全球金融危机,绿色经济开始进入世人视野。2011 年,联合国环境规划署发布的《绿色经济报告》指出,如果将全球生产总值的 1%～2%投资于绿色经济活动,那么,绿色经济在经济效益方面与传统经济不相上下,而且会带来更多的环境效益和社会效益。在联合国环境规划署、联合国亚洲太平洋经济社会委员会、经济合作与发展组织和全球绿色增长组织等机构的大力推动下,绿色经济已经获得了国际社会的广泛认可,并成为 2012 年"里约+20"会议的两个议题之一。目前,也是联合国可持续发展议程重点关注的关键领域。

绿色经济不仅包括经济的绿色化,即经济活动要符合环境标准或者实现绿色转型,也包括绿色的产业化,即刺激绿色产品和服务的生产、贸易和消费,进而促进经济发展。环保产业就是绿色经济中创造经济价值和就业机会最重要的组成部分之一。环保产业的发展情况也是衡量绿色经济发展进程的重要指标之一。为了科学地核定环境货物和服务,即环保产业的发展规模和结构,欧盟统计署制定了环境货物和服务部门(Environmental Goods and Services Sector,EGSS)统计框架,不仅在欧盟各国广泛应用,也得到了日本、韩国、加拿大、澳大利亚等其他国家和联合国统计署的认可,已经成为一套国际标准。

中国作为世界上最大的发展中国家,其环保产业的发展也备受关注。自 2013 年以来,联合国环境规划署与环境保护部环境规划院联合开展了基于 EGSS 统计框架的中国环保产业统计体系建设研究项目,该项目是联合国环境规划署第一次将 EGSS 统计框架引入发展中国家的试点,探讨了 EGSS 在中国

实施的可行性，面临的挑战以及存在的差距等。项目分两期开展，项目一期
（2013—2015 年）主要探讨了 EGSS 与中国的常规统计工作以及环保产业专项
调查工作的比对分析，并以湖北省武汉市为案例，研究了通过 EGSS 统计框架
核算中国环保产业的可行性，该研究成果已经发布和正式出版。项目二期
（2016—2017 年）则在一期研究成果的基础上，重点分析了 EGSS 引入中国统
计体系建立环保产业统计制度的可行性，并继续在武汉市开展试点研究，同时
新增加环保产业基础好、统计工作扎实的重庆市开展试点工作，研究结果表明：
中国推进 EGSS 建立环保产业制度具有迫切需求，中国的环保产业统计制度正
处于建立过程，这为 EGSS 引入提供了很好的切入点和基础，同时将 EGSS 引
入中国统计体系仍需要中国政府加大环保产业统计改革力度。通过项目两期研
究和试点工作，基本上摸清了中国引入 EGSS 测量环保产业面临的关键问题和
挑战，以及环保产业制度建设路径。该研究为中国借鉴国际经验，建立与国际
接轨的环保产业统计制度提供了技术储备和决策支撑。

相信本研究不仅对进一步完善中国环保产业统计工作具有积极意义，也对
其他发展中国家探索建立基于 EGSS 的环保产业统计框架具有重要借鉴意义，
同时也对 EGSS 统计框架本身的进一步完善具有积极价值。希望本书的出版可
为中国的读者系统了解环境货物和服务部门及其统计，以及其在中国的适用性
与挑战等提供有益参考。

盛馥来

联合国环境规划署市场资源处经济和财税政策部主任

前　言

环保产业是环境政策驱动型的产业门类，是随着近年来环境问题日渐突出以及人们对环境问题的关注而发展起来的。环保产业属于新兴产业，尚没有清晰的分类标准和界定范围，在各国的统计分类标准中也没有单独的"环保产业"，而是分散于各个传统产业中。环境货物和服务部门（EGSS）统计框架是由欧盟统计署研究制定的、用于收集和整理环境货物和服务相关统计数据的方法。该方法旨在将分散于各传统产业中的环境产品、技术和服务的相关统计数据进行整合，并提出了整理和分析环保产业相关数据的标准和框架。目前，EGSS 统计框架已经被联合国统计署纳入"环境经济统计体系"（SEEA）中，成为一项国际统计标准。中国环保产业在近些年得到了迅速发展，有必要学习和借鉴国内外环保产业统计实践和经验，建立系统的环保产业统计体系，以掌握中国环保产业发展的真实状况，从而推进中国环保产业实现更好的发展。

在联合国环境规划署（UNEP）与德国国际合作机构（GIZ）的合作项目"推动绿色经济行动伙伴计划（PAGE）合作，促进低碳发展"的支持下，环境保护部环境规划院、重庆市统计局、湖北省环境科学研究院等单位联合开展了"中国建立基于 EGSS 的环保产业统计框架研究"项目，该项目分两期进行，项目一期研究分析了在中国环保产业调查工作基础上将 EGSS 引入中国的可行性，在一期研究成果的基础上，项目二期研究则进一步分析 EGSS 引入中国统计体系建立基于 EGSS 环保产业统计制度的可行性。

中国建立基于 EGSS 的环保产业统计框架研究项目一期是首次探索 EGSS 如何在新兴经济体国家实施的研究，检验了中国采用欧盟《环境货物和服务部门统计框架》标准跟踪环保产业最新数据和趋势的可行性，从而协助绿色发展战略的制定，并识别潜在的绿色经济机遇。项目一期研究发现基于政府公开发布的统计年鉴以及环保产业专项调查建立中国的 EGSS 统计框架存在多方面挑战，因此项目二期从统计制度及统计标准的视角进一步分析中国建立基于 EGSS 的环保产业统计框架的可行性。中国建立基于 EGSS 的环保产业统计框架研究项目二期探讨从统计调查基表获得更加全面、细致的统计数据用于 EGSS 统计的可行性；由于中国政府将节能环保产业纳入战略性新兴产业范围，并正在探索战略性新兴产业的统计方式，因此项目二期也研究了《战略性新兴产业分类（2012）（试行）》与 EGSS 分类的适应性，并选择典型城市重庆市和武汉市作为试点研究对象来分析研究结论的合理性，进一步辨识中国在现有统计制度体系下引入 EGSS 统计框架用于环境货物和服务统计的可行路径。

项目二期研究由德国国际合作机构（GIZ）和中国环境保护部（MEP）共同资助，由联合国环境规划署（UNEP）和环境保护部环境规划院（CAEP）执行，环境保护部环境规划院（CAEP）联合重庆市统计局以及湖北省环境科学研究院共同开展。高级经济学家盛馥来（UNEP）和环境政策部董战峰副主任（CAEP）共同担任项目负责人。

目前，项目二期的研究工作已经顺利完成，本书即二期阶段的主要研究成果，共包括 10 章。第 1 章主要介绍项目开展的背景和意义；第 2 章介绍中国的统计体系；第 3 章分析了国际上 EGSS 统计框架的最新进展；第 4 章分析了中国的环保产业统计状况；第 5 章展开经济普查与 EGSS 统计框架的比较研究；

第6章对战略性新兴产业统计与EGSS统计框架进行了比较研究；第7章以重庆市为试点研究案例进行分析；第8章开展了武汉市试点研究；第9章在前述研究基础上，分析中国建立基于EGSS的环保产业统计框架的可行性；第10章是本书的结论和建议。

感谢德国国际合作机构（GIZ）和环境保护部国际合作司对本项目的资助。感谢环境保护部国际合作司宋小智副司长、国际处夏应显处长、国家统计局邱琼处长等领导对项目实施的大力支持和指导。同时也十分感谢中国环保产业协会信息部李宝娟主任、重庆市环保局科技规划处赵绪云调研员、重庆市环境科学研究院唐燕秋所长、湖北省环保产业协会夏建初会长和汪贵和助理研究员、中国人民大学靳敏教授、绿色和平组织程茜女士、四川大学张雪华研究员、北京师范大学林永生副院长和刘一萌副教授等专家对项目始终如一的支持，项目研究成果的呈现离不开他们提出的宝贵意见。

特别感谢联合国环境规划署市场资源处经济和财税政策部主任盛馥来先生为本书撰写序言。联合国环境规划署的蒋南青女士、曲铮铮女士和顾蓓蓓女士为项目的顺利进行提供了关键支持。她们不仅为本项目二期的顺利开展做了大量的辛苦协调工作，也为研究工作的完善提出了很多很好的建议。

承担试点研究工作的重庆市统计局和湖北省环境科学研究院对本书做出了重要贡献。重庆市统计局的陆昕处长、曾佳副处长、郭凌寒主任以及湖北省环境科学研究院陈晓飞博士等对试点研究给予了重要支持。作为项目协调员和环境保护部环境规划院（CAEP）的主要研究人员，周全助理研究员、李红祥博士为这一项目的完成做出了重要的贡献。吴琼、葛察忠、田仁生、郝春旭、璩爱玉、李娜也为该项目做出了贡献。本书的出版离不开他们辛勤而又卓有成效的工作。特别感谢中国环境出版集团的陈雪云编辑对出版工作的大力支持，她高效的编辑工作为本书的顺利出版提供了保障。最后，请允许我代表各位作者向所有为本书出版做出贡献和提供帮助的朋友和同仁一并表示衷心的感谢！

希望本书的出版会对国内高校及科研院所从事环保产业研究的专家学者、有关政府部门管理人员，企业界、金融界等从事环保产业工作的有关人员，以及经济、管理、环境、统计等有关专业的博士研究生、硕士研究生以及本科生提供参考。

此外，要说明的是，由于编者水平有限，难免存在不足之处，恳请广大同仁和读者批评指正。

董战峰

2018 年 3 月 5 日

执行摘要

　　环保产业是绿色经济的重要组成部分，随着可持续发展战略的深入实施，世界各国均把环保产业作为发展绿色经济的主要举措，近十年来，全球环保产业增速均高于 GDP 增速，环保产业呈现高速增长态势。中国的环保活动起步于 20 世纪 70 年代，目前已经形成包括环境保护产品、环境保护服务、资源循环利用、自然生态保护、洁净产品等领域的产业体系，但是中国的环保统计已经明显落后于发达国家，存在着诸如环保活动与环保产业的定义缺乏国际可比性和统一性等问题，有关环保活动的计量被现实的管理体制所分割，分散在不同部门，其内容主要关注环境状况的实物量统计，价值量核算仅限于并不完整的支出统计，缺乏针对环境保护活动的统一核算，这导致我国目前对环保产业的核算仍处于初步探索阶段。为了及时地掌握我国环保产业的发展状况，有必要研究和分析国内外关于环保产业统计的实践和经验，提出环保产业统一核算的途径和方法，以便实行科学的宏观调控，制定合理的产业政策，充分发挥环保产业在国民经济发展中的重要作用。

　　中国作为世界上最大的发展中国家，其环保产业的发展备受关注。自 2013 年以来，联合国环境规划署与环境保护部环境规划院联合开展了基于 EGSS 统计框架的中国环保产业统计体系建设研究项目，该项目是联合国环境规划署第一次将 EGSS 统计框架引入发展中国家的试点，探讨了 EGSS 在中国实施的可行性，面临的挑战以及存在的差距等，项目分两期开展，本书是项目二期的主要研究成果。

一、中国的经济普查能够在小类层次归集出环境货物和服务部门的数据，可以作为常规统计口径核算 EGSS 数据的一个尝试，但是需要在数据连续性、行业小类划分、统计的经济指标范围三个方面进行衔接融合

　　经济普查是目前中国最为全面的与经济相关的统计调查活动，其可以根据 EGSS 中环境保护分组（CEPA2000）、资源管理分组（CReMA2008）与《国民经济行业分类》（GB/T 4754—2011）的对应关系，建立起基于《国民经济行业分类》的《环保产业分类目录》，从而依托第三次经济普查数据，筛选确定调查单位名录，并提取用于分析的数据指标完成相关研究。

将 EGSS 统计框架与中国经济普查结合主要有以下基础条件：①EGSS 分类与《国民经济行业分类》基本对应。②经济普查内容较为全面，基本可以涵盖 EGSS 所需的各项指标。③经济普查具备一定的技术和制度保障。④经济普查首次纳入战略性新兴产业收入指标，为战略性新兴产业在 EGSS 中研究奠定基础。

将 EGSS 统计框架与经济普查相结合也存在一些差距与挑战，主要表现在：①缺乏连续性数据，相关指标系统性不够；②经济普查数据无法完全与 EGSS 统计框架一一对应，判定过程易形成偏差；③普查基础数据较为单一，导致经济指标匮乏；④无法识别 EGSS 分类中的主要活动、次要活动和辅助活动，无法将政府活动和企业活动分开。

二、战略性新兴产业调查可作为中国引入 EGSS 统计框架的重要切入点之一

由于目前战略性新兴产业统计制度尚未建立，本研究仅从产品分类的角度对战略性新兴产业和 EGSS 统计框架做了比对分析，将 EGSS 统计框架与战略性新兴产业统计结合主要有以下几点基础条件：①战略性新兴产业产品分类中的节能环保产业、新能源产业和新能源汽车产业基本可以和 EGSS 统计框架的分类标准较好衔接。②战略性新兴产业产品分类与《国民经济行业分类》可以较好对应，可以为填写 EGSS 标准数据收集表格打下较好基础。

将 EGSS 统计框架与战略性新兴产业统计相结合也存在一些差距与挑战，主要表现为：①节能环保产业的分类仍有待补充和细化。②相关统计活动尚未大范围开展，收集数据较为困难。③战略性新兴产业的分类目录有可能会进一步修改，或者动态更新，数据的连续性存在问题。

鉴于目前战略性新兴产业统计制度尚未明确，如果可以从制度设计初期即将 EGSS 分类标准融入基础统计报表，则有可能更有效地收集到准确数据。《战略性新兴产业分类（2012）（试行）》中包括了较为全面的节能环保产业分类目录，目前国家统计局正在研究制定战略性新兴产业的相关统计活动，提出 EGSS 统计框架与其结合的可行方案，做好前期介入准备工作，难度比修改现有的常规统计制度要更容易。但是战略性新兴产业统计主要是工业行业范围，国务院定位为支柱性产业，建议单独重点统计，并扩大统计范围，不仅限于工业，与 EGSS 统计范围结合起来。

三、重庆市、武汉市引入 EGSS 统计框架的试点研究表明：地方层面基本可将 EGSS 统计框架与经济普查相结合

重庆市、武汉市将《国民经济行业分类》与 EGSS 分类标准进行了对应，梳理出《环保产业分类目录》，依托第三次经济普查数据，筛选确定调查单位名录，提取用于分析的数据指标完成相关研究，并将调查数据按照 EGSS 分类标准进行了重新处理，可基本按照 EGSS 统计框架中的标准表格整理数据。

重庆市第三次经济普查于 2013 年开展，并采用 EGSS 框架对数据进行整合分析。调查范围为重庆市 23 个市辖区、11 个县及 4 个自治县，结合重庆市的实际，从重庆市第三次经济普查库中初步筛选出 4.17 万家调查单位，最终确定调查对象为 3 655 家企业。其中属于环境保护活动（CEPA 2000）类别的有 2 135 家，属于资源管理活动（CReMA 2008）类别的有 1 520 家。据分析结果可知，2013 年重庆市 EGSS 营业额为 1 280.02 亿元人民币，就业人数 13.68 万人，出口额 23.5 亿元，增加值 425.76 亿元，其中环境保护类活动的增加值占 87.4%，资源管理类活动占 12.3%。

武汉市于 2013 年开展了第三次经济普查，通过武汉市经济普查数据库，按行业代码筛选同行业企业的数据，再按照 EGSS 领域筛选同领域企业的数据，最后按照 EGSS 属性进行筛选，最终将同一属性所有企业的营业额、就业人数、出口额、增加值加和后填入 EGSS 标准表格，得到武汉市环境货物和服务部门总的营业额为 478.06 亿元，就业人数 5.25 万人，出口 93.26 亿美元，增加值 87.20 亿元。

四、通过经济普查的基本单位普查表中的原始数据，增进了常规统计口径核算 EGSS 数据的可行性。但由于工作量大、国家层面不易操作等原因，需各级地方政府和相关职能部门协调配合

为最大限度地增进在经济普查的基础上核算 EGSS 数据的可行性，可采用以下框架：①由省市级统计局收集经济普查中各法人单位填报的所有报表，先从经济普查基础表、财务状况表中摘选出每一个法人单位的行业代码、就业人员情况、营业收入、营业税金及附加等指标，并提取劳动者报酬、生产税净额、固定资产折旧、营业盈余等用于计算增加值的指标以及出口额；②将每个法人单位的上述信息整合到一个汇总表格中，根据行业填报代码与 EGSS 分类对应；③将汇总后的信息按照行业分类、环境领域和产品属性分类汇总，即可获得 EGSS 相关数据。

该方法的主要问题是：财务状况表填写对象仅涉及联网直报的企业，对于非联网直报

企业并不做要求，因此存在数据对象不全的问题，特别是对出口额的核算。另外，由于此次经济普查数据中增加值核算暂时不能公开，因此，试点城市在核算增加值时，采用的是增加值与总产出之间的关系间接求得，待经济普查数据核准之后，方可用上述方法对增加值进行核算。

五、战略性新兴产业是 EGSS 统计框架探索中关键性的一步，但在中国目前相关统计活动尚未大范围开展。下一步可考虑将 EGSS 统计框架纳入战略性新兴产业统计制度中，以便为收集 EGSS 相关数据提供较好基础

具体包括：①补充和完善战略性新兴产业产品分类目录，细化和完善环境服务类产品、森林资源管理类产品、野生动植物群管理类产品等分类；②在基础统计报表中加入 EGSS 统计相关调查项目，从源头提高数据收集的准确度和全面度；③组织专门机构从 EGSS 统计框架的维度分析整合数据。

六、综合考虑环保产业调查、战略性新兴产业统计、经济普查基表等，结合 EGSS 的统计维度、指标、流程，建议将 EGSS 统计框架引入中国可采用"分阶段渐进式"的方式

第一阶段可根据环保产业调查的数据、经济普查数据初步核算核心环境货物和服务的经济指标。本项目研究主要完成的是第一阶段的内容。第二阶段可重点针对常规统计口径和环保产业调查中无法识别的部分，进行补充调查。调查的重点领域包括：环境保护类活动的集成技术、资源管理类活动的环境特定与关联服务、关联产品、末端治理技术和集成技术。第三阶段可结合前两个阶段的研究成果，制定较为完整的基于 EGSS 统计框架的环境货物和服务产品目录，研究建立完善的、常规化的 EGSS 统计制度。

将 EGSS 统计框架引入中国，并最终建立完善的 EGSS 统计制度，建议做好以下保障措施。①由环保部门会同发改、工信、统计等多部门协调配合，做好环境货物和服务统计的组织机构保障。②加强研究和试点，尽早构建 EGSS 统计的常规机制。③加强能力建设，并做好 EGSS 统计的配套政策保障。④加强国际交流合作，学习借鉴国外经验。

Executive Summary

The environmental industry is an important component of the green economy; and with the in-depth implementation of sustainable development strategy, all countries have taken the development of the environmental industry as their main initiative for the development of green economy. In the past decade, the growth rate of global environmental industry has been higher than the GDP growth rate; and the environmental industry has shown its rapid growth posture. China's environmental activities were started in the 1970s; and currently, a industrial system involving environmental protection products, environmental protection services, recycling of resources, natural ecological protection, clean products and other sectors has been established. However, China's environmental accounting has obviously lagged behind that of developed countries, with several problems, such as the lack of international comparability and uniformity in the definition of environmental activities and environmental industry. Regarding the situation that the environmental activity accounting is divided by the actual management system and dispersed across different sectors, its content is mainly concerned with the physical quantity accounting of environmental conditions, while the value-based accounting is limited to the incomplete expenditure accounting, without unified accounting for environmental activities. This has caused that our environmental industry accounting is still at a preliminary stage of exploration. To promptly learn about the development status of China's environmental industry, it is necessary to research and analyze the domestic and foreign practices and experiences of environmental industry accounting, and propose ways and methods for unified accounting of environmental industry accounting to further implement scientific macro-control and formulate reasonable industrial policies, and thus give full play to the important role of environmental industry in the development of national economy.

China, as the largest developing country in the world, has attracted much attention regarding the development of its environmental industry. Since 2013, the UNEP and the

Chinese Academy for Environmental Planning of the Ministry of Environmental Protection have jointly conducted a research project of "Feasibility on Establishment of EGSS-based Environmental industry Statistic Framework in China", which is the first time that the UNEP has introduced the EGSS accounting framework into its pilots in developing countries, and explored the feasibility, challenges and gaps in the implementation of EGSS in China. The project was conducted in two phases; and this book mainly focuses on major research achievements of phase II.

I. China's economic census can sort out environmental goods and services data at the sub-categories level, and thus can be used as an attempt to calculate EGSS data by conventional accounting channel, but it still requires the link-up and integration of three aspects: data continuity, industry subdivision, and range of accounting economic indicators.

The economic census is China's most comprehensive economic-related accounting survey at present, which can, according to the corresponding relation between EGSS Environmental Protection Group (CEPA 2000), the Resource Management Group (CReMA 2008) and the Industrial Classification for National Economic Activities (GB/T 4754—2011), establish a Catalogue of Environmental Industry Categorization based on the Industrial Classification for National Economic Activities. In this way, it can, through relying on the third economic census data, screen and determine the list of surveyed entities, and further extract data indicators for analysis to complete relevant researches.

Combining the EGSS accounting framework with China's economic census is subject to the following basic conditions: ①The EGSS classification and the Industrial Classification for National Economic Activities basically correspond to each other.②The research indexes under the EGSS accounting framework can be acquired.③The Economic Census has certain technical and system guarantees.④The economic census is included in the strategic emerging product income index for the first time, laying the foundation for the research of strategic emerging industries in EGSS.

Combining the EGSS Accounting Framework with strategic emerging industry statistics also suffers from some gaps and challenges, mainly including: ①Continuous accounting are lacking and the relevant indexes are not systematic enough; ②The data of Economic Census does not fully correspond to the EGSS accounting framework. The judgment process is much vulnerable to deviations; ③The basic census data are relatively simple, resulting in the lack of economic indicators; ④The main, secondary and auxiliary activities in the EGSS classification cannot be identified; and government and corporate activities cannot be separated.

II. Strategic Emerging Industry Survey may be a key point for China to introduce the EGSS statistic framework.

Given that the accounting institution of strategic emerging industries has not yet been established, this study only compares strategic emerging industries and EGSS accounting framework from the perspective of product classification, and further concludes several basic conditions about combining the EGSS accounting framework with strategic emerging industries: ①Energy-saving and environmental industries, new energy industries, and new-energy automobile industries in the strategic emerging industry product category can basically meet the classification standards of the EGSS accounting framework.②The product classification of strategic emerging industries can better match the Industrial Classification for National Economic Activities, thus laying a good foundation for filling in the EGSS standard data collection form.

Combining EGSS with strategic emerging industry accounting also suffers from some gaps and challenges, mainly including: ①The classification of energy-saving and environmental industries still needs to be supplemented and refined.②The statistic activities are not as yet conducted on an extensive scale and it is difficult to collect the data.③The classification catalog of strategic emerging industries may be further revised or dynamically updated, and therefore data continuity may be a problem.

Given that the accounting institution of strategic emerging industries has not yet been established, if the EGSS classification standards can be integrated with the basic accounting report at the preliminary phase of institution design, then the accurate date may be collected more effectively. The Classification of Strategic Emerging Industries (2012) (Trial) includes a comprehensive classification catalog of energy-saving and environment protection industries. The National Bureau of Statistics is currently formulating relevant statistic activities for strategic emerging industries, and proposes a feasible plan for their combination with the EGSS statistic framework while making preparations for the combined task. This is easier than revising the existing conventional statistic system. However，Strategic Emerging Industry Accounting are primarily oriented to the manufacturing industry，which is defined by the State Council as a pillar industry. Deriving separate accounting，expanding the scope of existing accounting beyond the manufacturing industry，and combining them with the scope of EGSS accounting is recommended.

III. According to the pilot study of introduction of the EGSS Accounting Framework in Chongqing and Wuhan，EGSS Accounting Framework can be basically combined with the Economic Census at the local level.

The Catalogue of Environmental Industry Categorization of Chongqing and Wuhan complied through the comparison between the Industrial Classification for National Economic Activities of the two cities and the EGSS classification standards. relies on the third economic census data，to screen and determine the list of surveyed entities，and further extract data indicators for analysis to complete relevant researches. The survey data，reprocessed according to the EGSS classification standards，can be collected in accordance with the standard tables in the EGSS accounting framework.

The third Chongqing economic census in was launched in 2013 and the EGSS framework was used for the data integration and analysis. The survey scope was the 23 municipal districts，11 counties and 4 autonomous counties in Chongqing. Combined with the actual situation in Chongqing and those 411 000 units initially screened out to be surveyed from the Chongqing third economic census bank，the final survey objects was 3 655 enterprises. Wherein，there are 2 135 enterprises of the environmental activity category（CEPA2000）and 1 520 enterprises of resource management activity category（CReMA2008）. According to the analysis results，the turnover of EGSS in Chongqing was RMB 128.002 billion in 2013，the number of employees was 136 800，the export value was RMB 2.35 billion，and the added value was RMB 42.576 billion，of which the added value of environmental and resource management activities accounted for 87.4% and 12.3% respectively.

In 2013，third Wuhan economic census was carried out. The data of peer enterprises，through the Wuhan economic census database，was selected according to the industry code，the

EGSS field and the EGSS attributes successively. After summing up the turnover, number of employees, export value, and added value, and filling the total value into the EGSS standard form, the total turnover of Wuhan Environmental Goods and Services Department was RMB 47.806 billion yuan, employees were 52 500, export value was USD 9.326 billion, and added value was RMB 8.72 billion.

IV. Using the original data in the basic form of the Economic Census, the feasibility of accounting for the EGSS data with a conventional statistical capability is enhanced. However, due to the heavy workload and difficulties at state level, coordination from governments and the related functional departments at various levels is required.

To maximize the feasibility of accounting for the EGSS data based on the Economic Census, the following framework can be adopted. ①Statistical bureau sat provincial and municipal levels can collect all statements submitted by each legal entity during the Economic Census. The industry codes, employment, turnover, tax, addition, etc. of each legal entity can be identified, and the indexes used for calculating value added as remuneration, net production tax, depreciation of fixed assets, and operating surplus can be extracted, along with export value from the basic form of the Economic Census and statements of financial conditions. ②The information of each legal entity can be integrated into a summary sheet, and matched to the EGSS categories according to industry code. ③The integrated information can be classified and summarized by industrial classification, environment sector, and product nature, to obtain EGSS-related data.

However, the data objects are incomplete, particularly when accounting for export value, as the statements of financial conditions are only completed by enterprises that report online, and so those not doing so are not accounted for. The value added is also accounted for indirectly by Chongqing in accordance with the relationship between the value added and the gross output, due to the provisional confidentiality of the value added accounting of the Economic Census. This method can therefore only be used to account for the value added after the Economic Census data is checked and approved.

V. Strategic emerging industry information is crucial in research on the EGSS accounting framework. However，the relevant statistic activities are not yet extensively conducted in China. In the next phase，it will be necessary to incorporate the EGSS statistic framework into the statistic system of the strategic emerging industries，to provide a good base for the collection of EGSS-related data.

The measures may include：① Adding and improving the classification catalog of products of strategic emerging industries and establishing a detailed classification of environment service products，management of forest resources products，and management of wild flora and fauna products；②Adding EGSS statistic-related survey items into the basic statistic statements to increase the accuracy and comprehensiveness of data collection from the source；③Setting up a special organization to analyze and integrate the data from the perspective of the EGSS statistic framework.

VI. From the consideration of Environment Industry Survey，Strategic Emerging Industry Accounting，and National Economic Census，and with reference to the EGSS statistic dimensions，indexes and procedures，it is recommended that the EGSS statistic framework is systematically introduced into China in a "phased and gradual" manner.

In the first phase，a preliminary assessment of the economic indexes of core environmental products and services should be conducted，as per the environmental industry's survey data and the Economic Census data. The research will primarily focus on the first phase of work. In the second phase，supplementary surveys can be conducted on the areas that cannot be identified according to conventional statistic standards or during the survey of the environmental industry. The key sectors for these surveys include：integrated technology of environment protection activities，environmental and associated services of resource management activities，related products，terminal treatment technology，and integrated technology. In the third phase，the research results of the previous two phases can be referenced to establish a complete catalog of environment products and services，based on the EGSS statistic framework，and a routine EGSS statistic system can be set up.

The following supporting measures are recommended when introducing the EGSS statistic framework into China and finally establishing a complete EGSS statistic system: ①The Ministry of Environment Protection must collaborate with the National Development and Reform Commission, the Ministry of Industry and Information Technology, and the National Bureau of Statistics, to provide organizational guarantees for environment product and service accounting; ②Strengthen research and pilot programs to establish a routine mechanism for EGSS accounting as soon as possible; ③Strengthen the capability and provide policy assurance for EGSS a; ④Strengthen international exchange and cooperation, and learn from and reference foreign experiences.

目 录

第1章 项目背景

本章阐述项目实施意义，分析环境货物和服务及环保产业的定义，介绍中国环保产业发展状况，从而对中国引入 EGSS（Environmental Goods and Services Sector）统计框架的意义有一个全面的理解。

中国的环保活动起步于 20 世纪 70 年代，目前已经形成包括环境保护产品、环境保护服务、资源循环利用、自然生态保护、洁净产品等领域的产业体系，但是中国的环保统计已经明显落后于发达国家，存在着诸如环保活动与环保产业的定义缺乏国际可比性和统一性、有关环保活动的计量被现实的管理体制所分割，分散在不同部门、其内容主要关注环境状况的实物量统计、价值量核算仅限于并不完整的支出统计，缺乏针对环境保护活动的统一核算等问题，这导致我国目前对环保产业的核算仍处于初步探索阶段。

因此，有必要通过梳理国内外关于环保产业的定义，明确我国现实环保产业概念及范围，提出我国环保产业进行统一核算的途径和方法，进而及时地掌握我国环境保护活动的状况，以便实行科学的宏观调控，制定合理的产业政策，充分发挥环保产业在国民经济发展中的重要作用。

1.1 项目概况

1.1.1 项目背景

在 UNEP 和环保部国际合作司的共同支持下，环境保护部环境规划院、湖北省环科院、重庆市统计局等单位联合开展了《中国建立基于 EGSS 的环保产业统计框架研究》，就中国建立基于 EGSS 的环保产业统计框架研究进行了系统研究，项目分两期进行。

中国建立基于 EGSS 的环保产业统计框架研究（一期）是首次探索 EGSS 如何在新兴经济体国家实施的研究，检验了采用欧盟《环境货物和服务部门统计框架》标准跟踪我国环保产业最新数据和趋势的可行性，从而协助绿色发展战略的制定并识别潜在的绿色经济机遇。

一期分别研究了从常规统计年鉴以及环保产业调查中获得 EGSS 统计相关数据的可行性，得出以下结论：一是目前统计年鉴中公开的统计数据无法完全满足 EGSS 统计框架对数据的要求；可从公开的统计数据中直接识别的环境货物与服务仅是 EGSS 中很少的一部分；通过公开的常规统计口径数据来核算 EGSS 的可行性较低。二是目前通过《环境保护活动分类》产品代码与 EGSS 分类对应，可直接核算出一部分数据；环保产业调查的统计对象不全，对于资源管理类活动统计较少；中国的环保产业调查可以作为 EGSS 统计框架引入中国的切入点。

可见，基于常规统计年鉴以及环保产业调查无法建立中国的 EGSS 统计框架，因此我们拟继续开展研究，从统计制度以及统计标准这两个视角进一步分析中国建立基于 EGSS 的环保产业统计框架的可行性。探讨从统计调查基表是否可以获得更加全面、细致的统计数据用于 EGSS 统计；并研究《战略性新兴产业分类（2012）（试行）》分类与 EGSS 的分类是否更具适应性。

1.1.2　研究意义

联合国已将 EGSS 统计纳入 SEEA，建立基于 EGSS 的统计框架是国际潮流。随着联合国环境规划署提出的"绿色经济倡议"在"里约+20"峰会上得到各界的充分肯定，发展绿色经济已经逐渐成为全球环境与发展领域的一种趋势和潮流，也已成为各国新一轮经济复苏和发展的新引擎。为了科学定量衡量环境货物与服务部门的发展情况，2009 年欧盟统计署设计了 EGSS 统计体系，并已于 2012 年被联合国统计委员会纳入"环境经济统计体系"（SEEA），成为一项国际标准。该统计体系已经在欧洲和美洲的一些国家进行了实践，并作为一项常规的统计活动在环保服务与产品行业部门的政策制定中发挥了重要的作用，也成为绿色经济发展的重要衡量标尺。但在发展中国家，包括中国，对此了解甚少，也没有任何发展中国家开展 EGSS 统计体系研究。随着我国环保工作的深入推进，环保产业正进入快速发展期，但薄弱的统计基础难以跟上环保产业发展形势需要，我国需要紧跟国际潮流，加快引进 EGSS 经验，建立基于 EGSS 的环保产业统计框架。

引入 EGSS 统计体系有助于加快完善我国环保产业统计工作。随着全球环保产业和绿色经济的发展，建立科学的、完善的、国际化的环保产业统计体系将成为国际趋势。联合国统计署力推的环境货物和服务部门（EGSS）统计框架，从概念和内涵上对"环保产业"

这一项传统行业分类中没有的产业类型进行了清晰的界定，提出了一套开展统计活动和数据收集的方法框架，并得到了国际社会的认可。"十二五"时期是我国环保产业发展的重要时期，环保产业规模和领域将不断扩大，引入国际上认可的环境货物和服务部门统计框架实施经验，建立起完善、系统的环保产业统计体系，将有助于准确地反映我国环保产业的发展状况，提供真实的产业发展信息，制定合理的产业发展政策，从而推动环保产业的进一步发展。

我国环保产业的发展要想做好与国际接轨，首先需要做好统计基础工作。尽管中国目前已经进行了环保产业的定义与分类，但在该分类统计体系下，环境或节能新技术研发、环保或节能改造投资等没有纳入环保产业的统计之中，与国际上实践的 EGSS 在统计范围和口径上也有较大差别。这样就很难判断和衡量中国绿色经济发展的效率和未来的潜力。在这样的背景下，开展全面系统的 EGSS 数据收集工作将是一个渐进的过程。因此有必要继续在借鉴国际上 EGSS 经验和一期工作成果的基础上，结合中国现有的常规统计体系或国家战略性新兴产业统计制度，研究建立完善的、常规化的 EGSS 统计制度。

成熟的环保产业统计框架可以促进中国整体绿色经济的发展。中国的经济发展目前处在一个关键时期，绿色经济正在逐步成为实现经济发展方式由粗放型和数量型向质量型与效益型转变的突破口，环保产业将在推动中国经济实现绿色发展转型中发挥重要作用。将 EGSS 统计框架引入中国建立完善的环保产业统计体系，能有效支撑科学的环保产业政策的制定与决策实施，有助于科学的分析环境货物和服务对于绿色经济的贡献，寻找新的经济增长点，促进绿色转型、实现绿色发展，从而助力绿色经济发展。

1.2　环境货物和服务的定义

1.2.1　国际上关于环境货物和服务的定义

不同的国家对环保产业的称谓略有不同，有的称为环境产业（environmental industry），有的称为生态产业（Eco-Industry），也有的把它称作环境货物和服务产业（environmental goods and services industry）[1]。

不同机构、经济体对于什么是环保产业也有不同的定义和分类（表 1-1）。

表 1-1　环保产业定义及范畴

来源	年份	环保产业定义及范畴
OECD	1992	一个覆盖多种货物和服务、门类众多的产业，但在统计上还没有明确的分类，并且数据十分有限，根据"终端使用"将环保设备和相关服务细分成四个类别，即废水治理、废弃物管理、空气质量控制和其他（主要是土壤恢复和减少噪声）。工业过程中涉及的环保技术没有纳入环保产业分类中。综合的环保服务通常与清洁技术有关，予以单独列示[2]
美国环境保护局	1995	一是环保产业的基础是环保活动，而所谓的环保活动，主要限于美国环境保护局管理范围内的污染物削减和防止活动。显然，这是狭义的环保活动定义；二是通过追踪成本进而确定环保活动及环保产业，指执行了环保法规从而负担了相应成本的产业[3]
亚太经合组织（APEC）	1998	环境货物和服务清单从最终用途出发，具体分为空气污染控制、饮用水处理、废水管理、噪声/振动消除、固体/危险废物、热/能管理、可再生能源、监测/分析、其他回收系统、补救与清除十大类。清单共包含 109 个 6 位税号产品[4]
日本环境厅	2001	从广义的角度将环保产业定义为"潜在地有助于减轻环境压力的产业部门"。它包括使环境负担降低装置的开发与销售，对环境负担较小产品的开发与销售，环保服务业的开发及服务，有关强化公共设施的技术、设备及系统的开发与销售[5]
联合国综合环境经济核算	2003	所生产的货物和服务用于水、空气和土壤环境损害以及与废弃物、噪声和生态系统有关的问题的测量、预防、限制，使之最小化或得到修复。它包括降低环境风险，使污染和资源使用达到最小的清洁技术、货物和服务，同时也包括那些与资源管理、资源开采和自然灾害有关的活动[6]
欧洲委员会	2005	它们生产的货物和服务用于水、空气和土壤环境损害以及与废弃物、噪声和生态系统有关的问题的测量、预防、限制，使之最小化或得到修正。它包括使污染和资源使用达到最小的清洁技术、货物和服务[7]

可见，考虑到核算清洁技术和工艺的难度，早期 OECD 对环保产业的定义中尽管提到清洁技术，但并未将其融入环保产业核算中，而是单独列示。不仅如此，该定义中也没有包括资源管理、生态保护等广义环境保护活动。随后，欧洲委员会在 OECD（1992）环保产业定义的基础上，进一步延伸出清洁技术、货物和服务以及保护生态系统的活动。亚太经合组织（APEC）自 1998 年提出环境货物和服务清单后，从 2007 年开始，每年的领导人宣言和部长声明都将发展环境货物与服务、推动环境货物与服务贸易作为促进可持续增长和应对气候变化的重要措施和途径。美国环境保护局在 1995 年系统地介绍了环保产业的定义。日本环境厅在 2001 年将日本的环保产业从最初的特定污染型产业转向包括清洁技术、生态保护等的广义环保产业，从官方的需要转向民间的需要，从城市向各种地域辐射。《联合国综合环境经济核算 2003》给出的定义涵盖了目前研究涉及的所有环境保护活动，可以视为截至目前覆盖面最为完整、产业类别列示最为详细的环保产业定义。

1.2.2 中国环保产业的定义

1993 年起,我国在全国范围内开展了四次环境保护相关产业基本情况调查[8],逐渐突破了狭义环保活动的界限,越来越重视对产品生命周期全过程的环境行为的控制。2004 年,原国家环保总局将环保产业补充定义为"国民经济结构中为环境污染防治、生态保护与恢复、有效利用资源、满足人民环境需求,为社会、经济可持续发展提供产品和服务支持的产业。它不仅包括污染控制与减排、污染清理与废物处理等方面提供产品与技术服务的狭义内涵,还包括涉及产品生命周期过程中对环境友好的技术与产品、节能技术、生态设计及与环境相关的服务等"。2011 年的《全国环境保护及相关产业基本情况调查方案》将我国环保产业分为四类:环境保护产品、资源循环利用产品、环境友好产品、环境服务。但是,我国关于环保产业的定义仍没有包括自然资源管理活动。

1.3 中国环保产业发展概况

1.3.1 环保产业发展状况

一是体系基本完善,研发能力有所提高。经过 30 多年的发展,我国环保产业已经形成比较完备的产业体系。技术水平与国际先进水平的差距不断缩小,研发能力有了进一步的提升,基本能够满足环保产业市场的供给需求。

二是产业发展迅速,投资需求不断扩大。过去五年我国环保产业呈现较快增速,已经表现出明显的拉动经济增长和提高就业的能力。根据 2014 年年底完成的《第四次全国环境保护相关产业综合分析报告》,2011 年我国环境保护相关产业从业人员达到 319.5 万人,年营业收入 30 752.5 亿元,年营业利润 2 777.2 亿元。2004—2011 年,我国环境保护相关产业的从业单位数量增加 104.9%,年平均增长速度为 10.8%,从业人数增加 100.3%,年平均增长速度为 10.4%,营业收入增加 572.6%,年平均增长速度为 31.3%,营业利润增加 605.1%,年平均增长速度为 32.2%。同时,我国环境保护相关产业营业收入占同期国内生产总值(GDP)的比重由 2004 年的 2.8%上升至 2011 年的 6.5%。此外,环保产业指数累计表现和年化收益能力显著优于市场核心指数,以 2013 年为例,环保产业指数为 31.73%,体现出市场资金对于环保产业持续看好。"十三五"期间,我国环保投资需求预计将达到 8 万亿~10 万亿元,环保产业也将保持年均 15%以上的增长率。预计到 2020 年,我国的环保产业产值将超过 9 万亿元；节能环保产业增加值将占国内生产总值比重为 3% 左右；节能环保产品和设备销售量将比 2015 年翻一番；实现节能环保产业快速发展，质量效益显著提升，实现节能环保产业成为国民经济的一大支柱产业的目标。

三是具有比较优势，国际化加速发展。相较于高标准、高成本的欧美环保技术设备，我国环保产品和技术物美价廉，在发展中国家具有比较优势，环保相关产业的出口合同额从 2004 年的 61.9 亿美元增加到 2011 年的 333.8 亿美元，增长 439.3%，年平均增长速度为 27.2%，反映出我国环保产业的国际化水平正在加速提高。

1.3.2　环保产业发展特点

环保产业处于高速成长期。"十二五"期间，受城镇化、节能减排、产业结构调整、环境风险控制、大气行动计划、循环经济、低碳发展等诸多宏观政策的影响，我国环保产业进入重大发展机遇期。我国的环保需求不断多元化和深入化，体现在环保产业的市场分布逐步拓宽，环保投资规模迅速扩大，环保基础设施建设在重视大城市的同时开始兼顾县、镇和广大农村地区等方面。

环保产业科技创新成果丰硕。环保技术创新专业化、正规化的趋势逐步显现，与节能减排实践相结合的众多发明专利、实用新型专利获得国家或省部级奖项，使部分环保产业服务公司的整体竞争力得到提升。以水污染防治技术为例，2006 年开始，我国水污染防治技术专利上升速度明显加快，仅 2011 年、2012 年两年的专利量就达到 436 件。

环保产业发展的区域性特征明显。我国环保产业的发展主要集中于东部沿海地区，已经初步形成了长三角、珠三角、环渤海三大主要产业聚集区。江苏、浙江、广东、山东、北京、天津等省市成为我国环保产业具有引领和带动作用的发展策源地。地处中西部地区的四川、湖南、湖北、安徽等地以及河北、山西等环境污染问题严重的地区，逐渐对环保产业给予了特别关注，产业发展增速明显增快，部分核心城市和区域正在逐步形成我国节能环保产业发展的"第二梯队"。

1.3.3　环保产业发展存在的问题

我国的环保产业起步较晚，仍存在一些突出问题。

一是环保产业各个门类之间发展不够均衡。水污染防治、大气污染防治、噪声污染防治和固体废物处理处置领域整体发展相对较快，但土壤与地下水污染防治发展较滞后；市政污水处理、垃圾处理等领域发展相对成熟，但工业废水处理、农村污染防治、重金属污染防治等领域发展还不充分。特别是土壤与地下水污染防治、资源循环利用及节能等方面的技术水平与国外先进水平差距较大，而且缺乏实践经验；一些关键材料和设备的加工制造水平与国外先进水平差距明显，如水处理高端膜材料和膜组件、布袋除尘高端滤料、脱硝催化剂载体（纳米级）等方面都还存在着不小的差距。

二是对于环保核心技术研发，我国尚未建立起政府引导、市场竞争的技术创新与成果转化机制，以企业为主体、以需求为导向、产学研有机结合的环保技术创新体系建设进展迟缓。环保产业是技术密集型产业，目前却陷入了技术储备、技术力量不足的窘境。

三是我国环保产业存在监管不力、市场无序的现象，尚未建立起公平竞争、诚信经营的市场氛围。地方保护和行业垄断仍然存在，影响了全国统一开放市场的形成。

四是产业效益不断提升，但对国民经济的贡献有限。从 2011 年环保产业调查结果看，我国环保相关产业行业平均利润水平高于同期规模以上工业企业利润水平，与 1993 年、2000 年、2004 年相比，产业的人均收入、人均利润大幅增长，带动的就业人数显著增加。但由于环保相关产业广泛分布于国民经济 96 个行业中的 80 个行业，环境友好产品生产等诸多生产经营活动与国民经济各行业高度融合，其对国民经济的贡献大多已体现在传统行业之中。因此，尽管 2011 年我国环保产品生产和环境保护服务营业收入占同期 GDP 的比重比 2004 年翻了一番，但实际占比分别仅为 0.42%和 0.36%，两者比重之和仍不足 0.8%，而从业人数之和占全国就业人口的比例仅为 0.05%。

五是我国环保产业统计基础弱。目前，我国与环保产业相关的统计基础还较为薄弱，常规统计口径中没有专门的环保产业统计。现有的环保产业调查只是源于专项调查，缺乏长远制度保障。自 1993 年首次开展环保产业调查至今，仅进行 4 次全国性环保产业调查，时间跨度大，不仅影响数据的应用，也严重滞后于产业的发展。

1.3.4 环保产业发展受到前所未有的重视

国家先后在有关的环境保护规划、产业发展规划、行业发展规划中对环保产业发展给予了高度重视。《"十二五"节能减排综合性工作方案》《国家"十二五"环境保护规划》《节能减排"十二五"规划》相继出台实施，节能减排力度不断加大，使得环保产业发展需求空间不断加大，节能环保已成为经济发展的必然要求。国务院及国务院办公厅、工信部、财政部相继出台了战略性新兴产业、节能环保产业、环保装备产业、环境服务业及海水淡化产业等有关环保产业发展规划，为环保产业以及产业重点发展领域指明了发展方向与目标。

党的十八大以来，中共中央、国务院在多个文件中提到推进环保产业发展是今后我国经济绿色化发展的主要方向。《国务院关于加快发展节能环保产业的意见》（国发[2013]30号）提出"将节能环保产业打造成为国民经济新的支柱产业"。2015 年 4 月，中共中央、国务院制定出台《关于加快推进生态文明建设的意见》，明确提出"要大力发展节能环保产业"。习近平总书记谈"十三五"五大发展理念时提出"加快发展绿色产业，形成经济社会发展新的增长点"。《中国制造 2025》提出"坚持把可持续发展作为建设制造强国的重要着力点，加强节能环保技术、工艺、装备推广应用，全面推行清洁生产"。

环境保护新形势是环保产业发展的有力支撑。我国环境保护工作正面临十分严峻的新形势，如总量减排和质量改善并存、历史遗留问题和新增突发问题并存、经济持续增长压力和环境有限承载能力并存、环境风险防范和人体健康保障并存等问题，因此环保工作对环保投资与产业支撑需求巨大。大气、水、土壤三大行动计划实施将带动巨大环保投资需求，估算三大行动计划实施总投资需求近 9 万亿元，其中，政府投资需求约超过 3 万亿元。三大行动计划实施将拉动 GDP 增长超过 10 万亿元，增加非农就业岗位约 900 万个，将促进环保产业发展迎来新一轮增长高峰。

模式创新与绿色金融发展是环保产业加快发展的着力点。近年来，政府陆续出台《关于发展环保服务业的指导意见》（环发[2013]8 号）、《国务院办公厅关于推行环境污染第三方治理的意见》（国办发[2014]69 号）、《国务院关于创新重点领域投融资机制鼓励社会投资的指导意见》（国发[2014]60 号）、《关于支持和规范社会组织承接政府购买服务的通知》（财综[2014]87 号）、《关于推进水污染防治领域政府和社会资本合作的实施意见》（财建[2015]90 号）等政策措施，从国家层面积极推进政府购买环境服务、环境污染第三方治理、环境 PPP、环境绩效合同服务等多层次的环境服务模式创新，对开放环保市场、释放产业机遇、拓宽产业发展空间等具有极大的促进作用。

1.4 小结

本章介绍了国际上关于环境货物和服务以及我国环保产业的定义，重点对我国环保产业的发展状况、特点、存在的问题以及面临的发展机遇进行概述。

（1）引入 EGSS 统计体系有助于加快完善我国环保产业统计工作。随着全球环保产业和绿色经济的发展，建立科学的、完善的、国际化的环保产业统计体系将成为国际趋势。"十二五"时期是我国环保产业发展的重要时期，产业规模和领域将不断扩大，引入国际上认可的环境货物和服务部门统计框架实施经验,建立起完善、系统的环保产业统计体系,将有助于准确地反映我国环保产业的发展状况,提供真实的产业发展信息,制定合理的产业发展政策,从而推动环保产业的进一步发展。

(2) 中国的环保产业的概念与国际上环境货物和服务的概念在范围上有所不同。国际上对环境货物与服务产业的定义更为广泛,既包括传统的环境保护类的货物和服务,也包括资源管理类的货物和服务。中国环保产业的范围以环境保护类为主,主要包括污染防治、环境监测、环境友好等相关产品和服务,而不包括自然资源管理活动。这在一定程度上反映出环保产业发展的阶段性,环保产业的定义更多的是由于政府管理部门的工作需要,而不是根据产业的属性进行的科学界定和划分。

(3) 我国当前的环保阶段和环境形势使我国环保产业的发展面临前所未有的机遇和挑战。环保产业是绿色发展的核心产业部门,不仅为我国环保工作提供根本保障,环保产业也通过渗透于其他行业部门,促进其他行业的绿色转型发展。随着国家将节能环保产业提升到国民经济新的支柱产业的地位,结合我国当前环保产业的发展特点以及存在的问题,我国当前所处的环保阶段和环境形势使我国环保产业的发展面临前所未有的历史机遇和挑战。

第 2 章　中国的统计体系

本章介绍了中国统计体系的发展历程、组织与管理，分析中国国家统计系统的构成、国家统计制度的组成、内涵及类型，从而对中国统计体系有一个较为全面的认识。

2.1　中国统计体系概况

2.1.1　发展历程

新中国政府统计工作伴随着共和国前进的脚步，经历了艰辛而辉煌、曲折而成功的发展历程。1949 年，随着中华人民共和国的诞生，新中国的官方统计便开始了其组建和发展的历程。1949 年 10 月，中央人民政府政务院在财政经济委员会中央财经计划局内设立了统计处（后改名为统计总处）。1952 年 8 月，我国正式成立了国家统计局。随之全国各地区、各政府部门的统计机构也相继建立。当时，国力衰微，百业待兴，需要集中财力和物力用于经济恢复和重建。国家难以建立一套从上到下、覆盖全面的集中型统计体系。但是，统计数据的客观性和权威性又需要统计体系的相对集中。因而，我国确立了采取统计业务上实行统一领导，但地方和部门统计机构的人员和管理由地方政府和部门领导负责的"统一领导，分级负责"的统计管理体制。国家统计局则作为国务院的直属局承担中央政府综合统计机构的角色，负责国家统计体系的组织、审批、协调工作。

改革开放以来，我国统计体系发生了较大的变化，特别是法制建设取得了突破，1983 年 12 月 8 日第六届全国人民代表大会常务委员会第三次会议审议通过了中华人民共和国第一部统计法典——《中华人民共和国统计法》（以下简称《统计法》）。1996 年 5 月 15 日由第八届全国人民代表大会常务委员会第十九次会议修订后重新发布实施。在此指导下的统计行政法规和地方统计法规也陆续颁布实施，使中国的统计工作纳入了法治的轨道，在国民经济核算体系的建设方面也发生了本质变化。中国从 20 世纪 50 年代起建立的核算体系基本属于 MPS 体系。从 1992 年起，开始采用与联合国 SNA 体系相衔接的《中国国民经济核算体系（试行方案）》。到 1995 年，已基本完成了从旧核算体系向新核算体系的转轨。随后，参照联合国 1993 年版的新 SNA 进一步改进中国的国民经济核算体系。此外，从数据收集方式看，已从主要依靠全面报表转变为抽样调查、全面报表、周期性普查、重点调查等多种手段相结合的方式。统计数据的传播和对公众的服务也从"封闭型"走向"开放型"，服务规范性也正在得到加强。

党的十八大召开后，统计部门以十八大精神为指引，深入开展党的群众路线教育实践活动，加快建设面向统计用户、面向统计基层、面向调查对象的现代化服务型统计，着力巩固提高拓展"四大工程"，切实提高常规统计调查水平，进一步强化统计分析和公开透明，为推动经济持续健康发展、全面建成小康社会、实现中华民族伟大复兴的中国梦提供更加优质的统计服务。

60 多年来，在党中央、国务院的正确领导下，在地方各级党委、政府和中央各部门的大力支持下，在社会各界的积极配合下，我国政府统计基本建立起了与社会主义现代化建设相适应、充分借鉴国际统计准则、能够满足经济社会发展需要的现代统计体系，包括比较完整配套的统计法律制度、比较完善高效的统计组织体系、比较科学适用的统计调查体系、以现代信息技术为支撑的统计生产方式、比较高质优效的统计服务体系、国际统计交流与合作的良好机制。统计数据已成为国家的重要战略资源，政府统计在促进经济社会发展中的作用日益增强。

2.1.2　组织与管理

《统计法》规定，国家建立集中统一的统计系统，实行统一领导、分级负责的统计管理体制。中华人民共和国国家统计局是国务院直属机构，主要职责是组织领导和协调全国统计工作，核算全国及省（区、市）国内生产总值，组织实施重大国情国力普查和各项统计调查并发布统计数据，进行统计分析、预测和监督，向党中央、国务院及有关部门提供统计信息和咨询建议。

国家统计局下设 18 个行政单位、12 个事业单位和各级直属调查队。60 多年来，国家统计局在艰难中起步，在探索中前行，在改革中发展，始终受到党和国家高度重视，确保统计作用得到充分发挥。

改革开放后，国家统计局积极适应国家改革建设和对外开放的需要，借鉴国际先进统计理念和经验，完善集中统一领导的统计组织体系，健全统计法律制度，建立国民经济核算体系，改进周期性普查及经济、人口、社会、科技等各方面统计制度，改革国家统计局直属调查队，初步建成与社会主义市场经济基本相适应的统计体系。

当前，国家统计局正紧紧围绕党中央、国务院的中心工作，不断提高统计能力、数据质量和政府统计公信力，以实施基本单位名录库、企业一套表制度、数据采集处理平台和联网直报系统四大工程为重点，加快建设面向统计用户、面向统计基层、面向调查对象的现代化服务型统计，努力为党和国家宏观调控、科学管理提供大量可靠的统计数据，为社会公众提供丰富翔实的统计信息，为促进经济社会全面协调可持续发展做出重要贡献。

2.2   国家统计系统

国家统计系统主要由政府综合统计系统和部门统计系统两个部分组成。

2.2.1   政府综合统计系统

政府综合统计系统由自上而下设置的统计机构及其配备的相应统计人员组成。中央政府设立国家统计局，县以上地方各级政府设立独立的地方统计局。在乡一级政府则主要由专职或兼职的统计员来负责统计工作的具体协调管理。

国家统计局是主管统计工作的国务院直属机构。国家统计局负责组织领导和协调全国的统计和国民经济核算工作。在整个国家统计体系中，国家统计局既是全国统计数据的主要提供者，又是政府部门统计和地方统计的协调者。依照《中华人民共和国统计法》规定，国家统计局的主要职能是：组织领导和协调全国统计工作，制定统计政策、规划全国基本统计制度和国家统计标准，审批部门统计标准；会同有关部门拟订重大国情国力普查计划和方案，组织实施全国人口、经济、农业等重大国情国力普查，进行国民经济主要行业的统计调查并收集、汇总、整理和提供有关调查的统计数据，综合整理和提供全国基本统计数据；统一核定、管理、公布全国基本统计资料，定期发布全国国民经济和社会发展情况的统计信息，依法管理部门和地方统计调查项目。中国国家统计局按专业划分和功能划分相结合的方式，设置 18 个司级行政单位、2 个参公管理事业单位、10 个在京直属事业单位和中国统计出版社。

地方统计局系统负责组织领导和协调本行政区域内的统计工作。县级以上地方各级政府设置独立的统计机构，乡镇政府设立统计站或配备统计员。地方各级政府统计机构受同级政府和上级统计机构的双重领导，在统计业务上以上级统计机构的领导为主。县级以上地方各级人民政府统计机构承担的主要国家统计调查任务，包括普查和国家统计局布置的各项常规统计调查、专项调查任务，对本行政区域内国民经济和社会发展情况进行统计分析和提供统计服务。

国家调查队系统的设立是为了增强国家直接调查能力。经国务院批准，2005 年国家统计局对直属的农村社会经济调查队、城市社会经济调查队和企业调查队管理体制进行改革，将原三支调查队合并组建为国家统计局直属调查队，目前在全国设立 32 个省级调查总队，15 个副省级调查队、333 个市级调查队和 857 个县级调查队，由国家统计局实行垂直管理，主要承担国家宏观调控和管理所需要的抽样调查任务。

2.2.2 部门统计系统

中央政府各部门和地方政府的各部门，根据统计任务的需要设立统计机构或在有关机构中设置统计人员，构成部门统计系统。其主要职责是：组织、协调本部门的统计工作，完成国家统计调查和地方统计调查任务；制定和实施本部门的统计调查计划，开展部门统计调查并搜集、整理、提供为本部门和社会所需要的统计资料；对本部门、本行业的发展情况进行统计分析，实行统计监督。国家综合统计系统作为统计工作的主系统，具有对部门统计系统统计业务上的指导权和协调权。

2.3 国家统计制度

2.3.1 统计制度的组成

统计制度是按照国家有关法规的规定，自上而下地统一布置、自下而上地逐级提供基础统计数据的调查方式，是国家综合统计和部门统计采集数据的主要方式，也是数据共享的依据和基础。同时，综合统计与部门统计的工作定位、关注内容、服务对象等不同，两方面统计制度又存在着诸多差别。

国家统计制度主要由国家统计调查制度和部门统计制度构成。其中，国家统计调查制度是由政府综合统计部门——国家统计局建立的统计制度。部门统计制度是经国家统计局批准的，由国家各行业主管部门建立的统计制度。

部门统计制度与国家统计调查制度相互支撑、互为补充。据国家统计局统计系统报表清查结果表明：国家统计调查制度中由部门报送的报表占 39%，指标数量占 24%。

2.3.2　统计制度的内涵

统计制度是开展统计工作的技术规范。它是对经济现象进行统计时所做的规定，如统计指标、报表制度、统计标准等。我国政府统计制度主要包括以下四个方面的内容：

（1）统计调查必须按照经过批准的计划进行。统计调查计划按照统计调查项目编制。关于调查项目，国家统计调查、部门统计调查、地方统计调查必须明确分工，互相衔接，不得重复。

（2）统计调查应当以周期性普查为基础，以经常性抽样调查为主体，以必要的统计报表、重点调查、综合分析等为补充，搜集、整理基本统计资料。

（3）国家制定统一的统计标准，以保障统计调查中采用的指标含义、计算方法、分类目录、调查表式和统计编码等方面的标准化。国家统计标准由国家统计局制定，或者由国家统计局和国务院标准化管理部门共同制定。国务院各部门可以制定补充性的部门统计标准。部门统计标准不得与国家统计标准相抵触。

（4）对违反统计法和国家规定编制发布的统计调查表，有关调查对象有权拒绝填报。禁止利用统计调查窃取国家秘密、损害社会主义公共利益或者进行欺诈活动[9]。

2.3.3　统计制度的类型

改革开放以来，我国统计工作快速发展，不断完善，基本形成了以国民经济核算为核心，以国民经济行业统计和经济社会发展重点领域统计为支撑的较为完善的国家统计调查体系。原始的统计活动、统计资料之间存在着缺乏管理、杂乱无章等诸多问题，因此需要统计制度来加以统一和制约。

统计制度是指规范统计活动和统计资料的一整套法律、法规、办法、措施和管理模式等。统计调查制度适用于那些经常性的、定期的、已经多次反复实施过的，且调查对象、调查内容、调查方式方法、调查时间和期限、数据采集和处理的方式及流程、实施形式等都已经基本固定的统计调查项目。与此对应，统计调查方案则适用于一次性、试验性的，且调查对象、调查内容、调查方式方法、调查时间和期限、数据采集和处理的方式及流程、组织实施等方面尚处于探索阶段的统计调查项目。由此可知，统计调查制度和统计调查方案的适用范围并无绝对的界限，视统计调查项目在技术方法和用户需求的成熟程度而定。一个统计调查项目经过多次反复实施，在技术方法上逐渐成熟、固定，又有相对稳定的信息需求，其统计调查方案经过不断的修改完善，就可以以统计调查制度的形式出现了。

目前中国的统计制度在一套表统计调查制度的基础之上，主要开展实施周期性普查制度、定期统计报表制度、抽样调查制度和典型调查制度等。

（1）一套表统计调查制度 目前实行的各专业相对独立地采集原始数据、自成体系地完成各环节统计业务的工作模式，客观上导致各统计专业之间互补性不强，统计制度方法标准化程度不高，不仅制约了现代信息技术在统计中的应用，也影响了统计工作整体效率和统计数据的一致性，增加了基层统计部门和调查对象的负担。

为深化统计改革，提高统计能力、统计数据质量和政府统计公信力，为全面了解和反映工业、建筑业、批发和零售业、住宿和餐饮业、房地产开发经营业、规模以上服务业等国民经济行业调查单位生产经营全过程，从而为各级政府制定政策和规划、进行经济管理与调控提供依据。国家统计局决定从 2011 年统计调查年报和 2012 年统计调查订报起实施企业（单位）一套表制度（以下简称"一套表"）。该制度统计范围包括规模以上工业、有资质的建筑业、限额以上批发和零售业、限额以上住宿和餐饮业及全部房地产开发经营业等国民经济行业法人单位及所属的产业活动单位，规模以上服务业法人单位，以及工业生产者价格统计调查样本法人单位。调查单位采取联网直报方式，采用统一的统计分类标准和编码，统计机构和调查单位必须严格执行，不得自行更改。分行业报表中所有指标数据原则上按月（季）度日历天数统计上报。所有单位都必须严格按照本制度分行业报表规定的调查内容、上报时间独立自行报送数据。

按照整合资源，统筹规划，协同运作的一体化理念，改革统计生产方式，将对企业（单位）分散实施的各项调查整合统一到一起，统一布置报表，统一采集原生性指标数据，统一不同专业报表中相同指标的含义、计算方法、分类标准和统计编码，推进统计调查业务一体化。实现由各专业独立设计转变为统一设计，由各专业分散布置转变为统一布置，由各专业自行确定调查单位转变为统一确定调查单位，由间接采集转变为直接采集，由层层上报转变为同步共享。

借助"一套表"技术手段，使得统计数据采集更加便捷，各统计专业之间互补性增强，统计制度方法标准化程度提高，促进了现代信息技术在统计中的应用，也使得统计工作整体效率提高，使统计数据具有一致性。

（2）周期性普查制度 于 1994 年开始开展，项目包括人口、农业、工业、第三产业和基本单位。人口普查、第三产业普查、工业普查、农业普查每 10 年进行一次，分别在逢 0、3、5、7 的年份实施；基本单位普查每 5 年进行一次，逢 1、6 的年份实施。从 2000 年开始的周期性普查拟包括 3 项普查，即人口普查、经济普查、农业普查。人口普查和农业普查每 10 年一次，分别在逢 0、6 的年份进行；第三产业普查、工业普查以及基本单位普查统称为经济普查，每 5 年进行一次，现在是逢 3、8 的年份开展，周期性普查具有规模大、对象广、调查内容全等特点，不足的是普查消耗的人力、物力、财力较多，因此开展不具有连续性。

人口普查。新中国成立以来，中国先后于 1953 年、1964 年、1982 年和 1990 年进行了 4 次全国人口普查。2000 年进行了第五次全国人口普查。这次普查采用调查员入户访问，当场登记的方式进行，普查登记的标准时间为 2000 年 11 月 1 日零时。第五次全国人口普查首次使用长短表两种调查表式，并首次增加了有关住房的调查内容。普查长表根据规定的办法，在全国范围抽出 10% 的住户填报；普查短表由其余 90% 的住户填报。普查长表的主要内容为：年龄、民族、户口状况、迁移情况、受教育程度、就业状况、婚姻和妇女生育状况，以及家庭户的住房情况等；普查短表仅包括年龄、民族、户口状况、迁移情况和受教育程度等主要内容。

农业普查。1997 年开展第一次农业普查，是新中国成立以来进行的规模最大的有关农业方面的国情国力调查。第一次农业普查的对象是全国范围内（除台湾和香港、澳门地区以外）各种类型的农业生产经营单位、农村住户、乡镇企业、行政村和乡镇。普查表分别为：农村住户调查表、非农村住户类农业生产经营单位调查表、行政村调查表、乡镇调查表、非农乡镇企业基本情况卡片和农业用地卡片 6 种。调查内容涉及农村住户和非农村住户类农业生产经营单位的就业、农用土地、农业科技、畜牧业生产和农用生产机械设备；行政村和乡镇的人口和住户数、社区环境、农业科技与服务单位情况以及集贸市场情况和财政状况；非农乡镇企业的基本情况和生产经营情况等。这次农业普查采用的是普查员直接访问普查对象，当场登记的方式。

基本单位普查。我国于 1996 年进行了第一次全国基本单位普查。基本单位普查的对象为全国范围内（除台湾和香港、澳门地区以外）所有的法人单位和法人单位附属的产业活动单位。这次普查的标准时间为 1996 年 12 月 31 日，普查数据的调查年度为 1996 年。普查的主要内容包括四个方面：单位的基本信息（单位代码、名称、地址、通信号码等）；单位的主要属性（行业类别、隶属关系等）；单位的基本经济活动（从业人员数、企业实收资本、固定资产、营业收入等）；单位的其他信息（执行会计制度的种类、产业活动单位数等）。为了更好地发挥周期性普查在中国统计调查体系中的作用，国家统计局在总结第一轮普查经验的基础上，提出了对新一轮普查的初步改进意见。从 2000 年开始的周期性普查拟包括 3 项普查，即人口普查、经济普查、农业普查。人口普查和农业普查每 10 年一次，分别在逢 0、6 的年份进行；将工业普查、第三产业普查和基本单位普查合并为经济普查，每 10 年进行 2 次，安排在逢 3、8 的年份，此项内容将在下一小节介绍。

（3）定期统计报表制度　统计报表是按统一规定的表格形式，统一的报送程序和报表时间，自下而上提供基础统计资料，是一种具有法律性质的报表。统计报表是一种以单项调查为主的调查方式。它是由政府主管部门根据统计法规，以统计表格形式和行政手段自上而下布置，而后由企、事业单位自下而上层层汇总上报，逐级提供基本统计数据的一种调查方式。统计报表制度是一种自上而下布置，自下而上通过填制统计报表搜集数据的制度。官方统计部门向列入调查范围的全部统计调查机构单位发放报表，这些机构单位定期（如每月、每季、每半年或一年）填好报表后，向发放报表的政府统计部门报送。该方法的运用范围比较广泛，几乎涉及国民经济和社会发展的各个领域。

定期统计报表数据是以经济普查数据为基础进行核准的，其具有时效性强、来源可靠、方式灵活、回收率高等特点，不足的是定期报表一般是通过联网直报和抽样调查相结合的途径获取数据，具有部分代表性，同时统计数据主要是以行业大类为主，缺乏细致的产品与服务数据。

定期报表制度包括劳动综合统计报表制度，农林牧渔业综合统计报表制度，工业综合统计报表制度，运输邮电业综合统计报表制度，建筑业综合统计报表制度，固定资产投资综合统计报表制度，批发零售贸易、餐饮业综合统计报表制度，科技综合统计报表制度，基本单位统计报表制度，企业单位统计报表制度以及企业集团统计报表制度 11 项报表制度，本处主要介绍基本单位统计报表制度和企业单位统计报表制度。

①基本单位统计报表制度是一种重要的定期统计报表制度，主要调查法人单位和产业活动单位的基本情况，包括反映单位基本信息、基本属性、主要经济活动的调查指标以及专业特有的指标。该项制度可以提供较为全面的法人单位和产业活动单位的信息。

②企业单位统计报表制度是各项综合统计报表制度数据来源的基础。主要内容包括各类企业、事业单位、机关和团体的财务状况、生产活动、企业科技活动、固定资产投资等全部基层基本表式。这些内容既包含国家统计局的需要，也包含地方政府和业务主管部门共同的基本需要。该报表制度实行全国统一的统计分类标准和编码，各部门、各单位必须严格执行。报告期分为年度、季度和月度。

（4）抽样调查制度　一般选取一定的样本进行调查，随着市场经济体制的逐步建立，抽样调查方法的运用范围逐步扩大。主要包括规模以下工业企业抽样调查制度、企业景气调查、限额以下批发零售贸易业、餐饮业抽样调查等。

（5）典型调查制度　是根据调查目的和要求，在对调查对象进行初步分析的基础上，有意识地选取少数具有代表性的典型单位进行深入细致的调查研究，借以认识同类事物的发展变化规律及本质的一种非全面调查。典型调查要求搜集大量的第一手资料，搞清所调查的典型中各方面的情况，做系统、细致的解剖，从中得出用以指导工作的结论和办法。主要包括投入产出调查、工业生产者价格调查、住宅销售价格统计调查等。

目前，我国已形成了由人口普查、农业普查和经济普查组成的国家周期性普查制度。建立了近 50 项涵盖经济、社会、人口、科技、资源、环境等方面的国家常规统计调查制度。

2.4　中国经济普查概况

《国务院批转国家统计局关于建立国家普查制度改革统计调查体系请示的通知》（国发〔1994〕42 号）发布，正式建立了周期性的普查制度，规定普查项目包括人口、农业、工业、第三产业和基本单位。《国务院关于开展第一次全国经济普查的通知》（国发〔2003〕29 号）将工业、第三产业和基本单位 3 个普查合并为经济普查，同时将建筑业纳入普查范围，并在 2004 年首次实施。《国务院关于开展第三次全国经济普查的通知》提出，为了全面调查了解我国第二产业和第三产业的发展规模及布局，进一步查实服务业、战略性新兴产业和小微企业的发展状况，开展第三次全国经济普查。可见，设置了专门的战略性新兴产业报表的第三次全国经济普查，是与环境货物与服务部门统计关系紧密的一项统计活动。

2.4.1　经济普查的目的和基本原则

（1）经济普查目的　摸清我国各类单位的基本情况，全面调查我国第二产业和第三产业的发展规模及布局，系统了解我国产业组织、产业结构的现状以及各主要生产要素的构成，进一步查实服务业、战略性新兴产业、文化产业等相关产业以及小微企业的发展状况，全面更新覆盖国民经济各行业的基本单位名录库、基础信息数据库和统计电子地理信息系统，为加强和改善宏观调控，加快经济结构战略性调整，科学制定中长期发展规划，提供全面系统、真实可靠的统计信息支持。

（2）经济普查的基本原则
①突出重点。以摸清各类单位基本情况，查实服务业、战略性新兴产业、文化产业和

小微企业的底数为主，辅之以其他必要的内容。

②优化方式。科学设计普查业务流程，普查和抽样调查相结合，以提高普查效能，减轻基层负担。

③统一组织。在普查机构的集中领导下，统一设计方案、统一布置培训、统一实施调查、统一处理数据、统一发布数据。

④创新手段。充分运用现代信息技术，全面采用手持电子终端设备和电子地图，实现普查数据的采集、报送、处理等手段的自动化、电子化，提高普查的信息化水平。

2.4.2　经济普查的范围、对象和时间

（1）经济普查范围和对象　第三次全国经济普查对我国境内从事第二产业和第三产业的全部法人单位、产业活动单位和个体经营户进行登记和调查。

根据《三次产业划分规定》（国统字〔2012〕108 号），第二产业包括采矿业（不含开采辅助活动），制造业（不含金属制品、机械和设备修理业），电力、热力、燃气及水生产和供应业，建筑业；第三产业包括农、林、牧、渔服务业，开采辅助活动，金属制品、机械和设备修理业，批发和零售业，交通运输、仓储和邮政业，住宿和餐饮业，信息传输、软件和信息技术服务业，金融业，房地产业，租赁和商务服务业，科学研究和技术服务业，水利、环境和公共设施管理业，居民服务、修理和其他服务业，教育，卫生和社会工作，文化、体育和娱乐业，公共管理、社会保障和社会组织。

法人单位、产业活动单位和个体经营户按照《统计单位划分及具体办法》和普查规定的单位划分及具体处理规定进行界定。

为保证基本单位的不重不漏，结合第三次全国经济普查，对农业、林业、畜牧业和渔业的法人单位、产业活动单位进行普查登记。

（2）经济普查时点和时期　普查标准时点为 2013 年 12 月 31 日，普查时期为 2013 年 1 月 1 日—12 月 31 日。普查登记和数据采集工作从 2014 年 1 月 1 日—3 月 31 日。

2.4.3　经济普查内容和普查表

第三次全国经济普查对联网直报单位、非联网直报单位和个体经营户分别设置普查内容和普查表，具体如表 2-1 所示。

表 2-1　第三次全国经济普查针对不同对象的普查内容及普查表设置情况

普查对象	普查内容	普查表
联网直报企业	单位基本属性、组织结构情况、从业人员及工资总额、财务状况、生产经营情况、能源消费情况、科技情况（限工业企业）和信息化情况	分设 7 张普查表；共计 30 张普查基层表
非联网直报法人单位	单位基本属性、从业人员、实收资本、资产总计、企业营业收入或非企业支出（费用）、税金、固定资产支出、煤炭消费量（限工业法人单位）	设 1 张普查表；共计 12 张普查基层表
非联网直报产业活动单位	单位基本属性、从业人员、经营性收入或非经营性支出（费用）	设 1 张普查表；共计 9 张普查基层表
个体经营户	单位基本属性、从业人员、经营性收入或非经营性支出（费用）；抽样调查内容包括营业收入、营业支出、付给雇员的报酬、缴纳的税费	设 3 张普查表、1 张抽样调查表；共计 3 张普查基层表

（1）联网直报单位　普查内容包括单位基本属性、组织结构情况、从业人员及工资总额、财务状况、生产经营情况、能源和水消费情况、科技情况和信息化情况等。分设 7 种普查表。

（2）非联网直报单位　法人单位的普查内容包括单位基本属性、从业人员、实收资本、资产总计、企业营业收入或非企业支出（费用）、税金、煤炭消费量（限工业法人单位）等。设 1 张普查表。

产业活动单位的普查内容包括单位基本属性、从业人员、经营性收入或非经营性支出（费用）等。设 1 张普查表。

（3）个体经营户　普查内容包括个体经营户基本属性和从业人员，设 2 张普查表。抽样调查内容包括营业收入、营业支出、付给雇员的报酬、缴纳的税费等，设 1 张抽样调查表。

此外，为满足普查公报和年鉴的需要，设置若干普查综合表。

2.4.4　经济普查调查方式

经济普查对法人单位、产业活动单位以及有固定经营场所（自有、租赁房屋或摊位经营）的个体经营户，采取全面调查的方法。根据普查对象的行业不同，设计了工业、交通运输业、建筑业、房地产业、批发零售贸易业、社会服务业等 9 个专业的普查表；根据普查对象的规模，普查表又分为长表和短表。被普查对象根据本单位从事的行业和企业规模，按照普查一套表的填报要求，填写相应的普查表。

对无固定经营场所的个体经营户，采取以区县为总体，随机抽样，通过问卷调查的方式，进行专项抽样调查。

2.5　小结

本章主要对中国的统计体系进行了阐述，介绍了中国统计体系的发展历程以及组织与管理情况，分析中国国家统计系统的构成、国家统计制度的组成、内涵及类型，重点对中国的经济普查的对象、范围以及调查方式进行了详细的说明。

（1）我国已经基本建立起与社会主义现代化建设相适应的现代统计体系。在党中央、国务院的正确领导下，在地方各级党委、政府和中央各部门的大力支持下，在社会各界的积极配合下，我国政府统计基本建立起了与社会主义现代化建设相适应、充分借鉴国际统计准则、能够满足经济社会发展需要的现代统计体系。统计数据已成为国家的重要战略资源，政府统计在促进经济社会发展中的作用日益增强。

（2）国家统计制度是国家综合统计和部门统计采集数据的主要方式，也是数据共享的依据和基础。国家统计局正紧紧围绕党中央、国务院的中心工作，不断提高统计能力、数据质量和政府统计公信力，以实施基本单位名录库、企业一套表制度、数据采集处理平台和联网直报系统四大工程为重点，加快建设面向统计用户、面向统计基层、面向调查对象的现代化服务型统计，努力为党和国家宏观调控、科学管理提供大量可靠的统计数据，为社会公众提供丰富翔实的统计信息，为促进经济社会全面协调可持续发展做出重要贡献。

（3）设置了专门的战略性新兴产业报表的第三次全国经济普查，是与环境货物与服务部门统计关系紧密的一项统计活动。《国务院关于开展第三次全国经济普查的通知》提出，为了全面调查了解我国第二产业和第三产业的发展规模及布局，进一步查实服务业、战略性新兴产业和小微企业的发展状况，开展第三次全国经济普查。由此可见，设置了专门的战略性新兴产业报表的第三次全国经济普查，是与环境货物与服务部门统计关系紧密的一项统计活动。

第3章 国际上 EGSS 统计框架实践进展

EGSS 统计框架应用目前主要在欧盟地区，EGSS 统计框架只是提供了环境货物和服务的分类标准和统计的基本框架，并没有设定统一的数据收集方法，各国是根据自身情况选择方法最终填写完成 EGSS 统计框架提供的"数据登记表格"。各国的 EGSS 统计也是在不断完善的，因此，我们将继续追踪分析国际上 EGSS 统计实践的最新进展，系统梳理国际上主要国家及地区在收集 EGSS 统计框架相关指标时采用的主要做法和经验，为我国引进 EGSS 统计框架提供一定的借鉴。

3.1 欧盟统计署 EGSS 统计工作进展

EGSS 统计框架已经列入欧盟相关法律，自 2017 年起，上报 EGSS 数据将成为一项强制要求。EGSS 统计框架目前主要在欧盟地区应用。2009—2013 年，欧盟统计署每两年开展一次数据收集，2014 年开始，每年都会向各国发放数据收集表格，各国根据自愿原则上报数据。2009 年，欧盟统计署在欧盟范围内组织了第一次数据收集试点，共 10 个国家参与，包括德国、法国、荷兰等。欧盟第一次正式的官方数据收集活动于 2011 年开展，采取自愿原则，各国可根据自身实际情况，适当调整数据收集方法，近一半的欧盟成员国参与了此次调查。2013 年的第三次数据收集，共 14 个国家参与，其中，超过一半的国家统计了全部 4 项指标的数据。

欧盟统计署于 2016 年出版了"environmental goods and services sector accounts - handbook 2016 edition"（以下简称《EGSS 手册 2016》），用于替代 2009 版手册（欧盟统计局，2009）。环境货物与服务部门核算上报了环境产品的国民经济生产活动数据。该核算有助于监督欧盟关于环境保护、资源管理和绿色增长等方面的重点政策执行情况，并能够以符合欧盟国民经济核算体系（SNA 2008）、欧洲版的欧洲核算体系（ESA 2010）以及经济环境核算中心框架的体系（SEEA–CF 2012）的方式，来衡量环境货物与服务的产值以及相关就业的情况。因此，预计这些数据可以满足宏观经济用户和环境专家的需求。该手册根据欧盟法规（691/2011）所要求的编制环境货物与服务部门的可比统计数据以及欧洲统计体系认同的自愿扩展原则而编制。旨在通过解释基本概念框架（包括范围、定义和分类）、根据欧盟条例（691/2011）概述报告义务，并建议潜在应用和成果介绍，从而为数据编制人员在数据采集、编制和上报欧盟统计局的过程中提供支持。《环境货物与服务部门核算实用指南》（2016 版）与该手册同时出版，详细解释了编制环境货物与服务部门核算的方法。

3.1.1　EGSS 核算的编制方法

《EGSS 手册 2016》借鉴了各国发表的各种经验，根据数据使用来源划分为两种主要的 EGSS 编制方法。

自下而上法：整合识别 EGSS 生产者数量的微观数据（即单个生产单位的数据）编制 EGSS 数据。该方法要求通过 EGSS 专项调查收集数据（环境产品的营业额或产出）或者根据其他类型信息（如黄页、行业特定清单等）来构建特殊的登记表。然后将数据与已有的登记表、数据库和统计数据进行整合。

自上而下法或综合方法：使用现有统计数据源的中观数据和宏观数据（即生产者类别和产品类别的汇总数据）。该方法通常需要确定更广泛的活动或产品类别中的环境份额。然后，汇总不同来源（如结构业务统计、制成品生产统计、农业和能源统计以及国民经济核算）的数据。

一旦 EGSS 生产者的数量（微观层面）或从现有统计资料源获得的汇总数据（中观和宏观层面）确定，下一步是要剔除不在数据集内的非环境产品和活动。上述两种方法均需要进一步确定环境活动所占的比例。与自上而下法相比，自下而上法不会自动提供更高质量的结果。

即使编制人员成功建立完整、相关的 EGSS 生产者数量，也需要计算生产者成员的环境份额，因此需要开展 EGSS 专项调查。这类调查是专门信息的特定来源，缺点是时间长、成本高、受访者负担重、结果质量不稳定。为了保证 EGSS 核算质量、详细程度和覆盖范围，降低统计生产成本以及调查对象的负担，EGSS 专项调查基于年度数据的自上而下法，数年开展一次。例如，在有些区域（例如：可再生能源生产的设备制造与安装）的生产者调查每五年进行两次，调查数据之间通过一种综合方式（例如：采用可再生能源的产能变化和投资的汇总数据，以及制成品的生产数据）连接而相互印证。

两种主要方法的各种变量在编制实践中可以同时使用，反映了国家特殊数据的可用性。在方法选择中需要考虑 NSI 的传统做法、人力资源利用率、国家优先事项等。在实践中，各国通常选择自上而下法，而对于基于现有数据难以实施 EGSS 估算的特定领域（例如：某些制造行业和特殊服务，诸如环境咨询和住宅精装修）采用自下而上法作为补充。

此外，编制 EGSS 核算中既可利用微观数据，也可利用中观和宏观数据，亦可结合微观层面数据和自上而下法（例如：EGSS 专项调查）来确定在更广泛的汇总数据中的 EGSS 份额。用于编制 EGSS 核算的有效数据也可能来自行业协会、部委或政府机构。

以上两种方法也可使用相同类型的数据源，主要区别是自下而上法直接利用微观数据（如用于 SBS 调查单位的响应），而自上而下的方法采用汇总数据（如 SBS 的总 NACE 产出类别）。通过充分利用现有统计数据与建模技术相结合，在不增加数据提供方（主要是公司）统计负担的情况下，可以用相对较低的编制成本获得充分详尽的估算数值。

3.1.2　EGSS 核算数据的应用概况

《EGSS 手册 2016》简单说明 EGSS 核算在政策议题上的应用。作为一个有巨大前景的部门，探讨 EGSS 对经济增长、创新潜力、科技发展、国际竞争壁垒、就业机会、政府职能、环境商品和服务的演变和规模以及满足环保目标能力都是非常重要的。

这些数据被用来分析环保政策与经济发展的关系、经济主体（包括政府和最终消费者）应对环境和自然资源限制压力的方式、由环境保护和自然资源需求所引起的消费水平、用于国内外环境活动和资源管理的商品和服务生产的经济生产要素数量等问题。在经济决策中，环境问题的内化是否阻碍了经济增长或者通过增加投资、创造更多的就业机会、更高的收入和更好的生活质量能否刺激经济发展，在技术进步创新和全球技术转移中，环境和资源管理方面的作用。

影响 EGSS 的重要因素包括监管、政策目标、技术变革、全球化、新市场出现、保证环境技术与传统产业竞争的正向激励措施和经济手段等。

表 3-1 显示了一些原则上可提供 EGSS 核算数据的政策问题例子，其中一些示例要求 EGSS 与其他数据源相结合，也有一些数据源不符合 EGSS 核算的发展现状，这些数据源都标有星号。

表 3-1 配合 EGSS 核算数据的政策问题示例

政策问题	变量/指标
EGSS 对经济增长的贡献	产出、总增加值、就业等的年增加率 * 投资、按照技能水平分类的就业、直接和间接就业
EGSS 的发展与规模	产出、总增加值、就业和工作类型 * 企业数量、营业额
EGSS 对国际贸易的贡献	出口、进口、国际直接投资、特许协议
EGSS 对区域和结构战略的贡献	按照地区或行业结构划分的产出、总增加值、就业等
环保服务的成本	单位环保服务的价格（如美元/处理 1 t 废物）
EGSS 活动满足环保目标的能力	与环境指标联系的 EGSS 活动
环境货物与服务行业对可持续发展的贡献	预防活动（如清洁技术与产品） 环保行业总产出的比率
就业机会	就业增长率 *按照技能水平分类的就业、工作任期
EGSS 对经济增长、创新潜力、科技发展、在提供环境货物与服务时的国际竞争壁垒	各国供应商的市场份额 *本地供应商或者垄断供应商的市场份额、所有权（国内/国外，公共/私营）、并购、税收、补贴、按（国内/欧洲/国外）市场划分的销售和采购、利润或亏损、合资和许可证协议、出口等
EGSS 和创新以及投资支出，非经济数据，例如，专利数量	*环保研发数据，环保技术专利、清洁技术与产品数据、末端治理支出与综合支出、高技能工人的层次（教育水平）等
研发政策和环保技术发展之间的联系	*环保研发占总研发的比例，环保专利的新专利
EGSS 的所有权、集中度和结构	*按照所有权划分的生产者数量与规模（国内/国外，公共/私营）、并购

特别是产出、增加值、就业和出口分析有助于回答一些环境货物与服务部门各方面的众多问题：例如，增长的潜力是什么？创造就业的潜力是什么？在环境货物与服务的开发和出口过程中，发生了什么变化？在清洁技术和产品研发中，是否取得了进展？在不同环境领域，取得了什么进展？清洁技术和产品行业的竞争力是什么？环境经济政策对行业是否有影响？行业效率是什么？

EGSS 核算除了回答上述问题以外，也可以作为多个综合环境核算的其中之一，或者描述广义上的环境状况和人类活动对自然资源的影响。一种实物流量和存量数据系统很好地满足这种需求，该系统通过人类生产活动和消费活动中所释放出来的对环境有害的物质（如废气排放核算）以及自然资源的使用和消耗（如物料平衡）描述了环境污染问题。

由于该环境货物与服务部门的性质复杂，需要研究其组成。因此需要对所收集的 EGSS 数据进行以下不同层次的分析。

经济变量分析：EGSS 数据按照经济变量进行比较，依据就业、产出、总增加值和出口揭示了该行业主要指标数值规律。此外，这些变量还提供生产力和竞争力等信息。

经济部门分析：EGSS 核算没有提供按机构部门（企业、政府等）的分类，但提供了用作一个替代值放入 NACE 分类。这种分析可以比较公司和一般政府提供的信息，例如，公有制的重要性和私有化的演变。

环境领域分析：通过环境领域分析比较 EGSS 数据可以获知一个国家的专业化生产者和环境生产者从事的主要领域。这种分析是很重要的，因为大多数的环境公司只专注于一个环境领域，每个领域的竞争条件都显著不同。结合环境保护支出数据进行 EGSS 分析还可以显示各国环保优先事项。

时间序列分析：就业、产出、总增加值和出口时间序列可以显示 EGSS 的演变、增长和竞争力。

环境产出类型分析：分析相关数据以衡量辅助活动的重要性、外购的演变以及市场活动和非市场活动的相对规模。

3.2　EGSS 统计的国别经验

不同统计背景下如何收集 EGSS 数据以测量环保产业发展状况，各个国家环保产业统计基础不同，开展 EGSS 统计指标测量时采取的方法也有很大差异。欧盟统计局也意识到这一问题，提出 EGSS 框架允许这一差异性，鼓励各国因地制宜实施不同的统计测量方式。

3.2.1　荷兰

3.2.1.1　统计对象识别

荷兰中央统计局专门通过两个标准来识别技术和环境咨询服务的生产商：一是企业是与环境相关的行业协会的成员；二是企业在黄页中被分成"环境"组别，那么该企业就属于环境行业。然后遵循以下步骤：①确定企业属于"商业协会"还是"黄页"；②识别这些企业的邮政编码和编号；③尝试在商业登记表中查找该企业；④一旦在商业登记表中发现该生产商，可以收集其必要的变量（NACE 类别、就业、营业额、出口额、增加值），并根据环境活动对其进行分类（空气污染控制、废水管理等）；⑤把这些企业归为特定的环境活动和 NACE 类别。

3.2.1.2　数据的收集

荷兰中央统计局通过在互联网、电话目录和黄页搜索商业登记表、行业协会等关键字获得数据来源，从而构造一个环境产品和服务生产商的指示性数据库，但没有实施具体环境行业的调查。

3.2.1.3　数据的整理及结果分析

2006 年，荷兰实行了 EGSS 试点研究，主要集中于环境保护活动；2008 年，资源管理活动纳入 EGSS；2009 年，基于前期研究，充分利用其方法和概念，构建了环境货物和服务部门数据库，量化并分析环境保护和资源管理的就业、生产和增加值。首先将指标分为环境保护和资源管理两个大类，然后分为个人环境服务、公共环境服务、可再生能源生产、环境咨询、工程和其他环境服务、二手商店、绝缘活动、废旧材料批发、环境分析和控制、有机农业、回收、政府主体管理活动、水质控制、环境与自然组织、环境教育、辅助活动（公司内部环境活动）16 项二级指标，最后再分为若干个三级指标。对每个指标1995—2009 年的就业、生产和增加值进行量化，并分析三项内容的年变化、贡献因子、变化原因以及 EGSS 对 GDP 的相对贡献。根据分析结果提出了如下建议：人口数据的获得需要加强与分会协会的持续合作；个体户注册后与工商登记相连接进行数据跟踪；咨询活动数据的量化要根据数据源进行推断；如果评估涵盖欧盟统计署要求的经济变量数据和环境部门详细数据，将会使其结果更可靠。

3.2.2　德国

3.2.2.1　统计对象的识别

由于 EGSS 的受访者群体信息没有完全展现，因此受访者群体的识别基于流行媒体的深入研究，例如互联网、贸易展览会列表、黄页、由联邦统计局领导的统计商业登记和各州的统计办公室以及关于环境保护专题的各种论坛。

EGSS 受访群体包括矿业企业，石头和土地开采、制造和建筑的企业，制造商品和提供保护环境服务的建筑服务企业，建筑师和工程办公室，提供技术、物理和化学测试、咨询和其他环境保护服务的企业。作为 EGSS 统计的一部分，每个报告单位均包括环境保护货物、建设工作和服务的营业额以及环境保护员工。

根据调查问卷附带的环境商品和服务目录，EGSS 营业额按照货物、建设工作和环境保护服务进行差异显示。根据相应的代码，EGSS 营业额可以划分为不同的环境领域，分别是"废物管理""污水管理""噪声和减振""环境空气保护""生物多样性和风景保护""土壤、地下水和地表水保护与修复"和"气候保护"。环境保护的建设工作和服务方面亦可命名为一个跨部门领域。

部门分类实现 EGSS 经济活动的初步识别，按以下步骤进行。

第一步是基于经济活动统计分类的识别，根据《德国统计经济活动分类》（WZ 2008 版）按照货物和服务目的、类型和输出、过程、生产技术要素标准进行分类，划分为经济类（4 位数）和子类（5 位数），识别仅有环境保护目的的货物和服务，但无法识别多目的的经济活动，因此可供识别的经济活动非常少。

第二步是基于 EGSS 营业总额的经济活动识别。EGSS 营业总额的决定因素是单位数量、环境领域。2006—2008 年中几乎每个活动都有 EGSS 的营业额，但大部分的营业额集中在特定经济活动上。按照 EGSS 营业额的大小分为三个层次：①EGSS 营业额大于 10 亿欧元的经济部门（占 64%），主要集中在制造业，跨 12 个经济类：分别是化学品和化学产品的制造，橡胶和塑料制品的制造，制造金属制品（除机械和设备外），计算机、电子和光学产品的制造，电气设备制造，机械设备制造，汽车、拖车和半挂车的制造，其他非金属矿产品的制造，土木工程，专业化建设活动，建筑和工程活动，技术测试和分析。EGSS 营业额超过 10 亿欧元的 10 个经济亚类（经济类的子集团）：主要是电子元件和板的制造（特别是太阳能电池和太阳能电池组件），其他通用机械的制造（太阳能集热器等），通用机械的制造（风力涡轮机等），塑料制品的制造（如绝缘部件），机动车辆的部件和附件的制造（废气净化系统等），发电、输电和配电（由可再生能源供电的发电厂的运行），其他化学产品的制造（如制造活性炭和催化组合物），建筑和工程活动。②EGSS 营业额大于 1 亿小于 10 亿欧元的经济部门（占 33%），其与经济保护的相关性不大。包括经济亚类：住宅和非住宅建筑，金属制品、机械设备修理，金属铸件，其他专业批发（如用旧废料批发），工业机械设备安装，技术测试和分析（生物环境修复和生物过滤领域的研究与开发等），其他纺织品的制造和总公司的活动。③EGSS 营业额小于 1 亿欧元的经济部门（占 3%），其与经济保护的相关性小，主要位于服务部门（无具体名称）。

（1）制造业　对 20 人以上的企业进行了商业登记查询。2006 年 EGSS 调查结果确定了 EGSS 营业额最高的制造业经济活动。基于欧洲共同体经济活动命名法（NACE）Rev.1，2006 年 EGSS 营业额最高的是以下经济部门：化学品和化工产品生产，橡胶和塑料制品制造，其他非金属矿物产品制造，金属制品制造（除了机器、设备），机器和设备制造，电气设备制造，计算机、电子和光学产品生产，汽车、拖车和半拖车制造。

（2）建筑业　建筑部门产生的环境货物和服务总营业额超过 10 亿欧元，对环境部门具有重要的经济意义，并且其与环境部门的就业效应特别相关。

（3）服务业　2007 年的服务部门商业登记查询局限于 EGSS 产生最高营业额的经济活动。它们是 70、71、72 经济部门和 749 经济群体（NACE Rev. 2）（以下称为服务业）。

3.2.2.2　数据的收集

数据通过调查问卷或各州统计局的在线通知收集并进行初始测试。联邦统计局负责联邦结果汇编和 EGSS 调查的有序开展。

德国对 EGSS 统计中的就业人数统计有较为详细的规定。自 2006 年起要求每个报告单位确定 EGSS 就业人员，包括参与货物制造或建设工作提供或环境保护服务的雇员。如果报告单位无法提供有关这方面的详细信息，采用以下公式进行估算：

$$\mathrm{EGSS_{employment}} = \frac{(\mathrm{EGSS_{turnover}} \times \mathrm{Employees_{total}})}{\mathrm{Turnover_{total}}}$$

EGSS 雇员人数占企业所有雇员总数的比例等于 EGSS 营业额占企业总营业额的比例。由于环境保护员工的详细情况只对企业进行报告，因此只能根据企业所属的经济活动区分这些信息。根据环境领域进行区分类似于上述估计。

德国的 EGSS 统计中有以下两种方法来甄别环境货物与货物部门的就业人数。

方法一：设置过滤问题。

EGSS 受访者的商业统计通过问卷检验。可以实现 EGSS 人口的全面覆盖并节约成本，有助于把握环境部门创新环保技术动态，但在功能类似的部门可操作性弱。在人口确定、EGSS 营业额相似企业设置筛选问题，对所有回答"是"的企业进行调查。问卷中的主题商业统计至少每年进行一次。EGSS 主题商业统计以机构为调查对象，包括机构的月度和季度报告，机构月度报告设置 EGSS 筛选问题的实施覆盖大于 50 名员工的所有机构；机构季度报告设置 EGSS 筛选问题覆盖 20～50 名员工的机构。

但是德国在主题商业统计中设置筛选问题在方法和组织上是不可能的。一方面，在机构月度报告等短期统计中进行 EGSS 调查的结构统计设置过滤问题在方法上是有问题的，这可能会延迟数据处理的统计。另一方面，在 EGSS 营业额中清晰表达筛选问题使回答能与 EGSS 调查的定义相一致是困难的。事实上，它必须假设筛选问题的回答者是没有 EGSS 基础知识的，这会提高 EGSS 调查的错误率。另外，在短期统计中潜在存在大量不回答者，比如机构的月度报告中调查者必须在调查月最后几天内回复。因此德国没有使用筛选问题作为提高 EGSS 调查覆盖度的方法。

方法二：基于联邦统计局和国家统计办的工商登记统计进行选择性调查。主要针对制造、建筑、服务三类机构。为了减少对所有的经济活动调查的隐含成本和减轻受访者负担，商业登记调查针对特定经济活动进行。因为 EGSS 调查的主要目的是量化环境部门的经济重要性，所以选择标准是经济活动的 EGSS 营业额。商业登记调查的目的是完全覆盖规定经济活动的环境部门受访者，它的结果可以证明 EGSS 现有结果的有效性。

德国在统计 EGSS 就业人数时针对不同的行业有不同的做法。

（1）制造业 德国的法律要求 EGSS 调查的个体数不能超过 15 000，因此商业登记查询根据雇员规模类别逐年逐步实行。首先，2008 年 EGSS 调查识别制造业特定经济活动中员工人数超过 100 人的所有大型制造业机构的环境生产者。然后，2009 年识别制造业特定经济活动中员工人数在 50～99 的机构。再次，2010 年识别制造业特定经济活动中员工人数在 20～49 的机构。

（2）建筑业 EGSS 建筑业调查对象范围大于 20 人的机构，没有特定活动限制，但房屋建造、土木工程、专门建筑活动 3 个经济部门的 EGSS 营业额最高，与 EGSS 受访群体尤其相关。同时对企业总数、积极作用的企业个数、成功率（增加的积极企业数/企业总数）、营业额分别进行了统计。

（3）服务业 为了提供更详细的信息，调查结果按照经济群体来区分。由德国联邦统计署和国家统计办主导的统计商业登记用于在服务部门的所有统计单位中建立样本人数。商业登记包括明确标识、经济活动划分、商业活动的启动和终止、规模（社保缴费的员工人数）信息。从调查和财务部门获取营业额信息。环境部门统计商业登记中的营业额信息分析基于 2007 年。环境部门的抽样人数包括以上所列经济群体的所有统计单位，其每年的营业额至少为 17 500 欧元，对包括针对服务部门特定经济活动的 269 809 人进行统计性商业登记抽样。因为业务登记查询中 270 000 个样本过多，按照员工和营业额规模等级分析服务部门的环境生产者分布需要进一步限制样本人数。因此将服务业按照营业额大小分为 6 个子类，并且分别对企业数量、总营业额、平均营业额进行了统计。

3.2.2.3 数据的整理及结果分析

3.2.2.3.1 数据的整理

EGSS 功能分类作为环境部门分类的辅助手段，基于国家货物统计分类（GP）的产品组合建立环境商品清单，识别有多重使用目的的环境生产者。该清单对应于 8 位数字的 PRODCOM 列表，引入商品的新统计分类并进行转码。但是 EGSS 受访群体的机构无法通过这种方法识别，故需要建立一个新的环境货物清单——基于产品类别的现有统计分类来识别环境商品，即基于 PRODCOM 建立新的环境商品清单的方法，帮助 EGSS 受访者的产品组合识别环境生产者，比较 EGSS 数据与生产数据，以估计产品的环境份额，并量化其对环境部门的经济意义。

（1）建立基于 PRODCOM 的新环境商品清单 PRODCOM（欧盟采矿和采石与制造生产统计）清单包含有关经济部门采矿和采石与制造的工业产品。根据经济活动统计分类与工业品统计分类之间概念关系的对应，PRODCOM 列表在 4 位数字级对应于 NACE Rev.2 的类别。建立基于工业产品统计分类（如 PRODCOM 列表）环境货物清单可能是在制造业与采矿和采石中将环境企业与常规生产商分开的一种措施。

方法如下：首先，根据 EGSS 的营业额和产品类别定义中是否存在环境保护目的来识别 GP。然后，匹配 EGSS 调查数据和生产统计 GP 产品数据：①自动匹配：a. 识别采矿和采石、制造业中所有总营业额 100% 为 EGSS 营业额（报告的总营业额对应于 EGSS 营业额）的环境生产者（2007 年实行）。假设这些环境生产者在 2009 年 100% 专门从事 EGSS，则其在 2009 年生产统计报告的所有 GP 产品类别将被归类为环境保护 GP 产品类别，并将被列入环境商品清单。b. 识别采矿和采石、制造业生产统计中只有一个 GP 产品类别的环境生产者（2009 年实行）。假设这些环境生产者的生产组合在 2007—2009 年没有变化，公布的 GP 产品类别完全属于环境保护目的并且包括在环境商品列表中。但需要注意的是，必须检查由自动匹配识别的具有环境保护目的的 GP 产品定义。同样，GP 产品类别要明确区分具有环境保护目的的 GP 产品类别和可能具有环境保护目的的 GP 产品类别。②内容匹配。实施对象：2007 年非 100% 专业生产 EGSS 的环境生产者、2009 年生产统计中描述的非唯一 GP 产品类别的环境生产者无法自动检索具有环境保护目的的 GP 产品类别信息。这种方法首先仅考虑在 2009 年生产统计中报告两个 GP 产品类别的环境生产者。建议：环境货物与服务的名称有利于缩小 GP 产品类的广义定义或处理"双重用途"问题。某些 GP 产品类别仅针对特定环境领域具有环境目的，有必要在环境商品清单增加环境领域信息。

高度潜在环境产品类别清单、自动匹配潜在环境产品清单、内容匹配潜在环境产品清单这三个清单为新的环境商品清单。环境商品列表包含 GP 代码、相应的 PRODCOM 代码、NACE Rev. 2 类（4 位数字）、产品类别的简要说明。还包括关于识别环境产品类别的来源信息以及该产品类是否是以前的环境产品列表的部分标记。部门 GP 产品类别按国家目的进一步划分，没有相应的 PRODCOM 类。其 GP 代码的第 9 位不等于 0。

为缩小信息差距，至少在 2008 年和 2009 年环境货物清单建立方法必须相同。将结果纳入新的环境物品清单，并通过 2010 年数据来验证结果。根据 2011 年的数据修订环境货物清单，纳入 2011 年德国 EGSS 问卷，通过 EGSS 人口进行检验。未来环境商品清单可能成为识别 EGSS 受访者群体的标准工具，因此可能有助于提高欧盟成员国 EGSS 调查统计方法的统一，从而确保欧洲统计数据的可比性。

（2）修订环境商品和服务目录 EGSS 受访者群体的功能划分要求所有环境产品和服务都已被识别。如果德国调查表中增加的环境商品和服务目录不完整或过时，则无法正确描述环境部门的特点，环境生产者不能被清楚地识别。因此，德国需要定期修订环境商品和服务目录，以实现正确描述环境部门的供应方。

①重新调整环境领域。按照国际环境保护活动分类 CEPA 2000，德国根据环境活动的主要目的进行分类，进一步细分环境领域。重新调整环境领域要求必须重新分配环境商品和服务，补充目录中缺少某些环境商品和服务，准确描述德国环境部门的组合。

②更新环境商品和服务目录。德国联邦统计局于 2010 年 1 月联系了各个协会和机构，要求他们在更新最新和最重要的环境技术和程序方面提供专家援助，以便正确描述环境部门的组合。总共联系了 15 个协会和机构，但不是全部可以提供信息。联邦统计局编制了环境产品和服务的草案，已由专家检查完整性和准确性。协会和机构也对其他更合适的环境商品和服务分类提出了建议。与以前的目录相反，新的目录不区分货物、建筑工作和服务，而且未列入单一货物。但是，环境领域的细分考虑了所有主要目的，因此完全涵盖了环境部门的组合，除了超出德国 EGSS 调查范围的适应物品。2011 年新的环境产品和服务目录也添加到了 EGSS 调查问卷中，所以使用新目录从调查中检索到的信息可以作为环境商品清单的更新。

3.2.2.3.2 结果分析

（1）制造业 结论：已确定特定经济部门中最大制造业机构的真实人数，环境部门规定经济活动的经济重要性顺序三年内没有变化，制造业位列第一，因此基于 EGSS 营业额的环境部门经济活动结论是可信的。具体指标变化如下：①机构数量：2008 年 EGSS 调查在 2010 年 4 月结束，识别 580 家环境生产者机构；商业登记调查涵盖 9 875 个机构，比 2007 年增加 7 757 个，增加是因为超过 100 名员工的机构作为商业登记调查的一部分，新成立的任何规模机构都会自动收到 EGSS 问卷。②营业额：9 875 家调查机构中，37%（3 605 家）没有 EGSS 营业额，46%（4 553 家）2008 年没有 EGSS 营业额；相比于 2007 年，EGSS 营业额增加了 40%，最高达 180%，但汽车、拖车和半拖车制造没有显著增加。③积极响应率：2008 年 EGSS 的积极响应率是 17%，相当于 1 717 个环境生产者，比 2007 年积极响应数量绝对值增加了 580 家。然而积极响应机构在所有调查对象中的占比降低了 37%，原因一方面是 2007 年在发送 EGSS 问卷之前就已经对潜在 EGSS 对象进行了调查，而 2008 年所有超过 100 人的机构没有进一步的审查联系。另一方面是由于德国的环境结构部门特征，其主要是由 50 名雇员组成的小型机构。④商业登记查询成功率：超过 100 人大型机构的制造业特定经济活动的首次商业登记查询平均成功率为 7%。2008 年调查的大部分机构声称 2008 年没有 EGSS 营业额，2009 年可能会有积极响应，这些企业会使成功率上升。商业登记查询的“成功率”在以下部门非常高：计算机、电子和光学产品生产（18%）、其他非金属矿物产品制造（14%），而超过 100 人的计算机、电子和光学产品生产的大型机构 EGSS 调查显然不充分。额外 107 个环境生产者可以通过商业登记查询从这个经济部门识别，故环境生产者的数量从 2007 年的 32 增加为 139。经济部门 28（机器和设备制造）（+25%）、29 汽车、拖车和半拖车制造（+32%）在商业登记调查新识别的环境生产者相对增加最低。后者的成功率也为特定经济活动商业登记调查的最低（3%）。这表明超过 100 人的特定经济活动环境生产者在商业登记调查之前已被较好识别。⑤部门占比：根据经济部门的不同（NACE Rev.2），2008 年增加机构的调查中占比最大的有以下几类：橡胶和塑料制品制造、金属制品制造（除了机器、设备）、机器和设备制造。环境相关部门中，增加的调查机构数量超过了 2007 年联系统计单位的是化学品和化工产品生产，计算机、电子和光学产品生产，汽车、拖车和半拖车制造。新识别的最大占比经济部门是机器和设备制造（+119），计算机、电子和光学产品生产（+107），橡胶和塑料制品制造（+91）。

　　（2）建筑业　结论：①机构数量：调查机构数量从 2007 年的 2 784 上升为 2008 年的 6 394。2/3 的机构属于专业建筑活动。几乎所有涉及机构的二级机构均发布了 EGSS 营业额。2/3 土木工程的调查机构都进行 EGSS 生产；建筑业的环境生产者数量从 2007 年的 1 667 增加至 2 945，涨幅为 77%。大部分环境生产者（1 714）属于专门建筑活动，它在 2008 年产生的 EGSS 营业额最高。在 2006—2008 年调查期间，这个部门环境生产者的数量从

668 增加至 1 714，同时 EGSS 营业额从 8.41 亿欧元增加至 12.66 亿欧元。因此，在商业登记调查之前对专门从事建筑活动的 EGSS 调查是不够充分的。它对于德国环境部门内建筑部门的重要性被低估。②就业人数：2006—2008 年环境保护相关的就业人数从 22 284 增加至 34 717。③商业登记查询成功率：3 610 个新增调查机构中 1 271 个机构公布了 EGSS 营业额。因此，目前以成功率表现的商业登记调查的有效性高达 35%，说明建筑业目前真正的 EGSS 人数还没有被充分了解。关于该部门真正 EGSS 人数更深刻的见解将在 2009 年商业登记查询完成时获得。

（3）服务业 结论：服务部门特定经济活动中的 EGSS 部门结构。2007 年服务部门特定经济活动识别 2 524 个环境相关机构，其产生的 EGSS 营业额为 25 亿欧元。按照员工规模分类，服务部门的环境机构数量随着员工总数的增加而减少。50 人以上的环境机构拥有 94%的服务部门环境生产者（2 382）。然而，100 人以上的机构（59 家机构）只有 2% 的环境生产者。员工规模类别的 EGSS 营业额分布与环境相关机构的分布相反：2007 年服务部门产生 25 亿欧元，最大的占比（29%或 7.13 亿欧元）是环境生产者只有 12%的 20～50 人员工的机构。尽管 50 人以上的机构只有 6%的服务部门的环境生产者，但他们为服务部门产生了 40%的 EGSS 营业额。因此，员工规模类别越高，每个机构的 EGSS 平均营业额越高。按照营业额大小分类，2007 年环境生产者的数量随着年度营业额的增加而增加。年营业额大于 100 万欧元的环境机构是服务业所有环境生产者中最大的一部分（646 家公司或 26%）。EGSS 营业额同样集中在营业额大小类别中：服务部门内产生的总 EGSS 营业额的约 84%可以分配给该营业额大小等级的环境生产者。只有在这个营业额大小类别，环境生产者产量高于平均每单位 EGSS 营业额。

3.2.3 芬兰

芬兰从 2007 年开始建立 EGSS 体系，由芬兰统计局以外的主要使用者参与这项工作，数据来源于直接参与调查的问卷企业，后来信息系统拓展到企业的网络信息。EGSS 的统计资料不是以完整的会计格式编制的，而是以符合国家会计原则的方式定义和衡量产生的统计数据。

3.2.3.1 统计对象识别

调查对象分为两大类。第一类为主要生产者，指整个生产过程与环境相关的企业，其中包括污水处理、废物管理、材料回收、修复活动、风力和水力发电等经济活动，隶属于

NACE37-39 水电和风力发电的生产，被称为 EGSS 的主要生产者。第二类是次要生产者，指其他领域活动中产生环境货物和服务的企业。在芬兰主要是制造企业，隶属于 NACE05-33。

3.2.3.2　数据的收集

主要生产者的数据来源于登记表；次要生产者的数据来源于具体调查、注册数据（特别是企业和机构登记广泛运用于主要生产者）、工业产出与对外贸易的数据。

3.2.3.3　数据整理及结果分析

2010 年，芬兰从事 EGSS 的主要生产者的营业额为 24 亿欧元，其活动分别是：整治活动和其他废物管理、污水处理、风力和水力发电、材料回收、废物收集、处理和处置活动。次要生产者生产价值达 21 亿欧元，其活动分别是：金属工业、化工行业、森林工业、其他工业。其中金属工业的 EGSS 生产值达 10 亿欧元。主要产业和制造业营业总额达 45 亿欧元，占 GDP 的 2.5%。

有关 EGSS 就业供给能力方面，主要生产者就业供给能力相对容易确定；但次级生产者的问题很多，员工的工作时长与 EGSS 的相关性无法确定，而且 EGSS 员工的占比与企业 EGSS 营业额占比也无法等同，因此使用此单一模型容易形成误导性结论。

3.2.3.4　存在的问题

有关登记表和分类。①EGSS 分类按照欧盟统计局指导方针，以欧洲产品活动分类（CPA）和外贸为基础，提取环境保护活动和资源管理活动两大类指标，其中 22 项完全属于 EGSS，279 项部分属于 EGSS，其余的 4 927 个 CPA 类别根本不包含环境商品和服务。由于国家情况多种多样，很难找到通用方法或相关数据来确定 279 项部分属于 EGSS 的 CPA 类别中环境生产、技术或服务的占比。另外 EGSS 对服务的统计非常集中，芬兰的某些服务行业并没有对应的 CPA 指标。②企业和机构的登记表经常被作为主要生产者相关数据的主要来源。然而，许多被归类为 EGSS 主要生产者的企业可能拥有与 EGSS 生产无关的活动。另一方面，许多工业企业的母公司虽不属于 EGSS 的生产者，但其具有生产环境产品或服务的机构。这种现象会造成大量额外的工作，使得 EGSS 统计的编辑难度增大，并且耗费时间和资源。而且使用登记表也无法自动统计生产过程，仍然需要许多手动工作。

样本的确定缺乏标准划分。在 CPA 中没有生产和服务企业具体分类，故这种方法不能适用于服务企业的样本。另外调查样本中的服务企业数量也缺少相关的标准控制。

实际调查过程中不确定因素较多。一是问卷结构设计和调查者问询。很多公司不熟悉环境生产现象，概念和专业术语知识不足，导致统计者的重点工作在于问卷结构和调查者问询，并需要其他机构帮助沟通并激励受访企业。二是答卷的核对和编辑。核对主要通过调查对象的网站进行，但很多企业公布在网上的环境活动信息有些与调查内容无关，有些内容不属实。因此需要以最小化反馈成本的优化方式来开展调查问卷工作。

3.2.4　加拿大

3.2.4.1　统计对象识别

通过咨询各种政府部门和私营部门的数据用户，加拿大统计局确定了一个广泛应用于环境保护的货物和服务清单。这些货物和服务与北美产业分类系统（NAICS）中最有可能产生/提供货物和服务的企业相联系，主要采用六位数进行分类。

3.2.4.2　数据的收集

将关键的 NAICS 类别采用两步式程序进行取样。

第一阶段：从合格的 NAICS 范围内的所有生产规模高于 100 万美元的可用单位中抽取约 6 000 个单位作为第一批样本，对其进行电话调查，确定其业务性质，并进行调查范围内或调查范围外的分类。

第二阶段：在第一阶段的范围内全部单位中进行第二次取样，据估算约 1 000 个机构确定为接受完整的问卷调查。

加拿大统计局通过外部资源识别已自行认定为环境货物和服务的生产商或进口商的企业。然后，这些企业再与中央商业登记表进行联系，并包含在第二阶段寄出的广告性传单中。

3.2.4.3　数据整理及结果分析

在收集和接收到最终数据文件后，对每个已抽样的 NAICS 准备进行估算，然后结合来自加拿大统计局的废物治理行业调查信息以及环境工程和环境咨询的服务部门的调查结果，对最终的结果进行编辑。

3.2.5　瑞典

3.2.5.1　统计对象识别

瑞典统计局已经建立了一个包含环境货物与服务部门群体的数据库。数据库中的每个机构都按照 NACE[10]代码和所在环境领域进行分类。NACE 编码的信息从商业登记表中收集，环境领域根据机构（或公司）的活动说明以及在经合组织/欧盟统计局环境行业手册规定的环境领域的对应关系进行决定。

2002 年以前数据库的建立完全基于企业数据。从 2002 年之后，瑞典统计局为提高精确度开始关注机构。原因是：一个公司可以进行很多活动，有些活动属于环境行业的范畴，而有些不属于环境行业的范畴；一个公司内的两个机构可能在环境领域和 NACE 分类中有所不同。目前，瑞典环境货物和服务部门数据库包含了约 13 000 个机构，隶属于大约 10 000 家公司。

瑞典统计局采用的方法通常为以下三个步骤。

（1）群体识别　完全的环境产业（整个 NACE 类别）通过 NACE 代码在业务登记表中直接识别。其他的机构通过清单和数据库来识别，例如，来自贸易协会、黄页、网站等的清单，识别方法类似于荷兰。

一旦机构识别后，它们就能够通过唯一的识别号在商业登记表中被明确指出。为了获得关于营业额、就业等变量的信息，将其与其他信息来源进行链接是必要的。

（2）分类　根据机构参与环境领域的积极性和机构在该环境领域内的活跃程度，对机构进行分类，从而建立一个主要组和一个次要组。第一组活动在界定的环境领域内估计超过 50%，第二组活动在界定的环境领域内小于 50%，尽管第二组也是业务活动的一个重要部分。

（3）链接　将已标识的机构链接到其他数据源，以获取关于就业、营业额、出口等信息。基于机构的标识号，大量的不同信息可以链接获取。

3.2.5.2　数据的收集

（1）营业额　瑞典国家统计局采用供应方方法估计 EGSS 营业额，因此数据的采集过程集中在环境货物和服务供给和资源管理上。营业额由 NACE 根据环境领域、地区和地域统计单位采集。瑞典国家统计局使用的数据为小企业增值税登记册和商业登记册及大企业年度报告。由于整体营业额为非核心环境行业，尽管该行业仅有一小部分与环境业务相关。但据悉 EGSS 业务的实际营业额处于核心环境行业营业额和核心行业与非核心行业总营业额之间，然而为了对总价值进行更好的估计，需要更好的估计方法，在某些领域需要进行更精确的估计。例如，在发电厂以不同燃料生产热能和电力的领域，使用 49% 的可再生能源发电的某发电厂和仅使用 2% 可再生能源的发电厂将被划分为同一类型。使用两个分类组（核心行业和非核心行业）时，尽管其对环境行业的贡献不同，但发布第二行业统计结果时，会将受雇人员和营业额进行加总。如将实际生产的可再生能源份额与这些企业的营业额相乘，则估计结果会更精确。这主要与非核心行业相关，因为前提是假设环境生产超过 50% 的单位为环境企业，无论其具体份额是 55% 还是 100%。能源统计局提供的信息和某些实际生产的可再生能源份额的信息可以为次要机构的分类提供补充。商业登记册和能源统计局所提供数据间存在差异时通常会进行特定估计。份额信息输入在其他行业中也会出现，而不仅仅限于可再生能源的生产。

（2）就业　就业变量的数据是通过劳动统计机遇行政渠道（RAMS）编制获得的。劳动统计源自有关机构如环保行业的数据库，两个信息渠道能够轻松嫁接，从而形成统计数据。瑞典有意从 NACE 行业、环保领域、区域和地方统计单位及各类厂商（公立或私立）获取数据。采用劳动统计将有关从业人员的性别、教育程度、收入水平等有关信息链接到环保行业数据库中。RAMS 提供就业、通勤人员、从业人员和行业结构方面的年度信息，同时说明劳动力市场的存续和流动情况。这些统计数据基于总人口调查结果，可细分成较小的区域。RAMS 可使数据详细呈现，并让使用者了解劳动力市场的流量。统计数据每年形成一次，在测定期（11 月）后约 13 个月呈现。所有的从业人员均作为次要部门（所从事的环保型活动占比不到 50%）来进行统计，即使有一部分与环保活动有关。据称现实从业人员是介于主要部门（所从事的活动环保型超过 50%）和主要次要混合部门之间。

（3）出口额　在瑞典，有两种含有出口数据的不同登记表：外贸统计（FTS）和增值税登记表。外贸统计表包含的产品，一部分是通过调查收集到的，另一部分则是来自瑞典海关数据。增值税登记表中的出口数据是根据企业申报的增值税进行计算的，故假定其包含了产品和服务。出口采用类似国内营业额计算的方法进行估算。

每家机构都通过其独特的识别码与一家企业联系。通过该企业的识别码——组织机构代码，可以将瑞典数据库连接到不同的、含有出口数据的登记表上，从而为企业提供信息。然后，数据将按照加权构建法在企业级到机构级上予以分配。如要估算这种加权，要使用两种不同的方法：第一个方法就是通过机构所雇佣的人数除以企业所雇佣的总人数的方式来构建加权。这是最常用的方法。不适用于涉及雇员很少或没有雇员的企业，而绝大多数能源企业都是这样的情况。第二个方法是用机构数量来取代雇员数量，出口额将按等份分配到每家企业。

选择两种方法中的其中一种，为每家企业估算加权。为了确定分配，采用加权乘以企业级出口额即可。

瑞典统计局通过这种方法可以获得属于整个环保行业方面的出口统计。但不能确定所有出口收入是否确实都与环保有关，因此瑞典统计局也从产品角度对评估该行业出口的可能性进行了调查。

瑞典国家统计局业已采取的首要步骤就是详细阐述了由 8 位数字构成的组合命名法（CN）代码，这是目前可使用的最为详细的级别。可使用两种方法处理资料。第一种方法是将贸易登记表连接到环保数据库上。外贸登记表将记录组合命名法代码、企业的组织机构代码和交易额，以查明企业的出口收入，用 CN 代码表示的是产品类别。可从机构级到企业级上累加环保行业的数据库，以便外贸统计局从企业级上仅收集数据时能够跟踪到组织机构代码。因为大约 1 000 家企业通过这个分类系统出口涵盖近 2 600 个 CN 代码产品，从 CN 代码的更高层级上进行累加，以便使用 8 位数字的 CN 代码级别找出需要进一步分析的热点。这种方法依赖一种假设：存在许多已被确定的环保行业，诸如瑞典环保行业数据库。第二种方法是将贸易登记表连接到现有的假定环保货物清单上。假定现有环保产品一览表（即经济合作与发展组织清单和亚太经济合作组织清单）方面使用了产品观点，两种一览表均基于已确定的 6 位数字等级的协调系统（HS）代码。经济合作与发展组织和亚太经济合作组织一览表中的一些出口产品的企业不包含在环保行业数据库中。

这种产品方法可用来计算那些属于环保行业范畴内的商业活动的份额。计算这种份额的一种方法就是用属于环保货物一览表范围内的产品出口额除以某特定企业所记录的总出口额。

在对使用纯货物/货物观点持反对意见的人中，瑞典统计局强调了已失去环保行业重要部分（即服务）这个事实，因为只有环保货物包含在 HS 代码中，使用增值税登记表估算服务被视为是一种补充工具。

3.2.5.3　数据整理及结果分析

瑞典 2000 年环境产业研究报告得出以下结论。

（1）营业额　1999 年，以环境产业为主要产业的企业营业总额是 810 亿克朗，占增值税登记中营业总额的 1.8%。NACE 40 "电、煤气、蒸汽和热水供应"占环境行业营业总额的 37%，核心产业（NACE 25.120，37，41，51.57 和 90）占环境行业营业总额的 24%，NACE 10-36 "采矿、采石和制造业"占环境行业营业总额的 17%。占营业额比重最大的环境活动是 C4[10] "可再生能源"和 A3 "固体废物管理"，分别占环境行业营业总额的 36% 和 28%。NACE 10-36 "采矿、采石和制造业"占环境活动 A2 "废水管理"54% 的营业额，是核心产业（主要是 NACE 90）营业额的两倍。这主要归因于 NACE 29 "n.e.c 生产机械和设备"行业的企业为废水管理生产机械设备。营业额在环境活动 B2 "清洁产品"中的 NACE 10-36 "采矿、采石和制造"和 NACE50-52 "批发和零售贸易"之间是均衡分布的。一是因为识别这些产品的卖家比识别实际生产商更加容易；二是因为更大份额的生产可以在把环境产业作为一个次要活动的企业中找到。制造商主导的生产清洁技术相当于总营业额的近 3/4，主要产生于 NACE 24 "化工"行业的企业。在 1996—1999 年的 4 年时间里，核心产业的总营业额增加了 15% 以上。显著增加的原因可能是 NACE90"污水和垃圾处理、环境卫生和类似活动"和 NACE 37 "回收"可以在瑞典增加回收的趋势。同时，营业额在 NACE 25.12 "翻新"也有所增加，原因可能是这是个机器和技术密集型行业，即对于新企业的劳动力需求相对较低，但资本采购成本高。

（2）就业　性别：环境产业的员工主要是男性。相比于整个劳动力市场 47% 的女性和 53% 的男性比例分布，环境产业只有 19% 女性和 81% 男性。教育水平：瑞典企业许多重要的出口行业员工的特点是受教育水平高。在瑞典，男性和女性员工的受教育水平不同。员工受大学教育的比例是 25% 的男性和 32% 的女性。在研究生教育水平，超过 1% 的男性员工有研究生教育水平，而只有不到 0.5% 的女性有研究生教育水平。收入水平：在瑞典，与其他欧洲国家一样，男人比女人有更高的平均收入。因此，虽然男性和女性在环境行业中的平均收入低于男性和女性在劳动力市场的平均收入，但总体平均收入高于整个劳动力市场。根据员工的数量确定的五大环境活动是：A3 "固体废物管理"，最高的员工人数直辖市是 Municipalities Göteborg, Stockholm and Norrköping；C1 "室内空气污染控制"，最高的员工人数在 Jönköping, Huddinge and Båstad；A2 "废水管理"，最高的员工人数在 Emmaboda, Solna and Malmö；C4 "可再生能源"，最高的员工人数在 Stockholm, Linköping and Sundsvall；A6c "分析服务、数据收集和评估"，最高的员工人数在 Stockholm, Goteborg and Eskilstuna。根据 1994—1998 年的就业登记得出核心产业的员工总数在这 5 年中变化很小。

（3）出口额　1999 年，主要的环境企业的出口额为 110 亿瑞典克朗，占出口总额的

1.4%。相比于占营业总额的 24%，核心产业出口额仅占出口总额的 12%。这些几乎完全来自于 NACE 51.57 "批发废物和废料" 和 NACE 37 "回收" 行业的企业。在 NACE 10-36 行业的制造商出口额占了出口总额的 61%，而只占营业总额的 17%。NACE 40 生产的可再生能源主要用于国家消费。虽然出口份额较低，但相比于环境产业其他部分出口的价值仍然很大。NACE 40 占出口总额的 15%，占总营业额的 37%。A2 "废水管理" 中的机械和设备主导出口国为法国和美国，分别占对这些国家出口总额的 59% 和 53%。向芬兰出口的 40% 来自环境活动 C1 "室内空气污染控制"。A3 "固体废物管理" 的主导出口国为英国，占超过 40% 的出口总额；其次为西班牙。对于在环境产业出口额和出口总额都是最大的国家德国，出口的特点是在环境产业之间相对平等的分配额度。清洁技术的主要出口国是德国、挪威和丹麦，有一半的清洁技术出口到这三个国家。

（4）企业数　1996—2000 年，除了 NACE 25.12 "橡胶轮胎的轮胎翻修和重建"，所有核心产业都是积极发展的，但只有 NACE 37 "回收" 发展幅度大于瑞典的平均发展水平，产生这种增长的原因可能是家庭增加了对废金属和电子的回收。自 1994 年生产者责任制生效以来，意味着商品的制造商、进口商或销售商应对商品的正常使用负责，其中也包括纸和塑料包装。

3.2.6　英国

英国在采用调查问卷的方式收集大量公司信息的同时十分注重类别分析。力图将所有地区以相同的标准化方式收集信息，从而有利于进行跨地区的分部门分析。

3.2.6.1　数据来源

英国在进行环境货物和服务部门统计的时候把区域数据库、国家数据库以及公司企业提供的本身数据作为主要信息的来源。

（1）区域数据库　尽管可能没有覆盖每一个公司的部门和需要考虑的其他本地资源，但可以被用来作为一个起点。要求公司在必要时更新是一种很好的做法，如果更新之前的研究，应包括从现有的数据调查。信息来源可以通过黄页，或是许多国家项目，如 NISP[11] 和 REMADE，也有希望包含能够提供一些信息的区域代表。

（2）国家数据库　在知道公司名称的前提下，可以从 FAME 等国家数据库中获得该公司的相关信息。这是一个不必咨询公司而获得额外数据的好办法，但是也存在一定的局限性，一是国家数据库的信息是从公司登记处收集的，没有申报义务的小公司的信息无法通过这一途径收集到；二是准确记录公司的名字十分耗时。

年度环境支出调查（包括所有欧盟成员国）也是一个有用的信息来源。但英国数据是不全面的，并且低估了生产部门的价值。

（3）公司本身　是最新信息的最佳来源，然而，公司可能会夸大或伪造信息，因此调查者审查公司所提供的信息时应该考虑全面。

3.2.6.2　EGSS 专项调查实例

EGSS 专项调查有助于提供全面信息。然而，无论对于受访者和国家统计机构，这类调查都可能很耗时和需要大量资源。英国曾有专项调查的实例（2013）。本次调查收集了环境产品在总产量或营业额中的份额（如下方框内容所示）。

估算 EGSS 指标的 ONS 方法

EGSS 活动"节能与可持续能源系统""环境咨询和工程服务""环境相关的建筑活动""工业环保设备的生产"和"环境检测与控制"遍及大量的 SIC 代码中，因此，在数据源，例如国民经济核算中不易识别。在 2013 年度企业调查（ABS）问卷中，增加了关于环境货物和服务部门（EGSS）的两个新问题，以增加范围的 EGSS 行业规模，并为五项特殊 EGSS 活动提供了初始货币估算。

在 2013 年度企业调查中的环保货物与服务部门（EGSS）问题

3.3 环境营业额

（a）您的企业生产以环保为主要目的的产品或服务吗？

是 [X] ➡ 转入问题 3.3（b）

否 [X] ➡ 转入问题 4

（b）请估算您与环保货物或服务有关的总营业额的比例请在以下方框内画 [X]

0%～24%　[X]

25%～49%　[X]

50%～100%　[X]

3.2.6.3　数据的整理及结果分析

英国 2013 年开展的专项调查共收集到了 73 053 份问卷，响应率为 75.3%，1 994 家企业对 EGSS 的问题回答"是"。为了确定和保证反馈质量，我们针对 EGSS 问题回答"是"的每一家企业，尽可能地通过网站或者通过识别他们的 SIC，从贸易协会登记表或商业目录进行了验证。经过验证，46%（918 家企业）回答"是"的企业被证实参与 EGSS，另外 3.6%（72 家企业）无法确定，因为他们没有网站，或没有额外信息可以帮助确定其是否参与 EGSS。每家企业的 EGSS 活动都得到确定，并分配了 CEPA 和/或 CReMA 类别，以及一个 EGSS 活动类别。在没有任何额外信息的情况下，他们采用倾向评分匹配（最近邻分析），基于这些企业已经分配的份额进行了估算。在估算企业中，有 32 家被认为从事了 EGSS 活动。经过估算，总共有 950 家企业（样本中所有企业的 2%）被认定为生产了环保货物与服务（EGS）。

这些企业的产出和总增加值均来自 ABS 变量和 IDBR（跨部门业务登记表）中的 FTE。从 EGSS 问卷 B 部分收集的中位值用于计算各公司的 EGS 营业额。反过来，EGS 营业额可用来计算总增加值，IDBR 数据是用来测量 EGSS 产生的就业。样本用来估计总企业数量，使用适当的统计权重来考虑未受访者。

估算 2010 年和 2012 年之间的 EGSS 产出、总增加值和就业还可以回测基于这些年企业营业额的 2013 年 ABS 数据。假设：如果企业在 2010—2012 年存在，其 EGSS 营业额占总营业额比例与 2013 年相同。

每一年被确定为从事 EGSS 活动的企业都会添加到一个 EGSS 数据库，用来编制登记表，用于改进估算。出现在 2014 年的 ABS 问卷中的 EGSS 问题（2015 年 2 月发出）已经做了少量修改，以提高回答的质量。

3.3　小结

本章主要介绍了国际上 EGSS 统计框架的最新实践进展，阐述了 EGSS 核算的编制方法以及其核算数据的应用状况，并且对已经开展 EGSS 统计工作的国家的核算情况，主要是统计对象的识别、数据的收集以及数据的处理等方面进行分析，从而对 EGSS 的实践经验有所了解和借鉴。

（1）目前 EGSS 统计框架应用主要在欧盟地区，欧盟各国的统计实践进展有助于推动 EGSS 手册的进一步完善。EGSS 统计框架应用目前主要在欧盟地区，EGSS 统计框架只是提供了环境货物和服务的分类标准和统计的基本框架，并没有设定统一的数据收集方法，各国根据自身情况选择方法最终填写完成 EGSS 统计框架提供的"数据登记表格"。各国的 EGSS 统计也是在不断完善之中的，其实践进展有助于推动 EGSS 统计手册的进一步完善。

（2）欧盟各国环保产业统计基础不同，开展 EGSS 统计指标测量时采取的方法也存在差异性。各个国家环保产业统计基础不同，不同统计背景下如何收集 EGSS 数据以测量环保产业发展状况，开展 EGSS 统计指标测量时采取的方法也有很大差异。因此欧盟统计局也意识到这一点，提出 EGSS 框架允许这一差异性，鼓励各国因地制宜实施不同的统计测量方式。

（3）系统梳理国际上主要国家在收集 EGSS 统计框架指标所采用的做法和经验，能够为我国引进 EGSS 统计框架提供借鉴意义。EGSS 数据被用来分析环保政策与经济发展的关系以及由环境保护和自然资源需求所引起的消费水平，对国家环境事业的发展具有重要意义。因此系统梳理国际上主要国家及地区在收集 EGSS 统计框架相关指标时采用的主要做法和经验，可以为我国引进 EGSS 统计框架提供一定的借鉴。

第4章 中国的环保产业统计

随着联合国环境规划署绿色经济倡议在全球的推广，环境货物和服务所创造的经济价值以及对就业和出口的贡献受到越来越多的关注[12]。然而，各国环保产业核算方式和内容不同，造成环保产业核算结果的不可比性以及在国际贸易中的问题[13]。我国环保产业统计调查实施方式与统计核算方法处于起步阶段，远落后于发达国家[14]。

本章将分析我国现有统计体系下环保产业统计建设总体情况，结合 EGSS 特征，开展比较分析，从操作性角度考虑，提出中国引入 EGSS 可能的渠道和方式。

4.1 中国与环保产业相关的统计

环保产业为我国防治污染、改善生态环境提供了物质基础和技术保障。当前，国家已将环保产业确立为战略性新兴产业加以培育，并正在加紧制订促进环保产业发展的对策措施。科学制定和实施环保产业政策的重要前提是要通过统计调查适时了解产业发展现状，及时评估环保产业发展带来的经济效益和环境效益，并对环保产业的发展形势进行准确的判断。环保产业统计调查制度是规范环保产业统计调查的工作准则，其规定了环保产业统计调查的范围和对象，明确了调查方式、统计指标、调查周期。因此，构建科学、实用、便于操作的环保产业统计调查制度具有非常重要的意义。

4.1.1 国家环境统计调查制度

国际上，1972 年斯德哥尔摩会议以后，各国开始建立各自的环境统计，但统计的范围、指标体系和工作的开展情况在各个国家之间不尽相同[15]。

40 多年来，我国环境统计调查制度不断完善，逐步形成目前的体系。按照调查周期的不同，有年报、定期报表（半年报和季报）、专项调查、普查四种形式。其中年报和季报中根据调查对象类别的不同，又可进一步分为综合年报和专业年报两类。综合年报主要是为了了解全国环境污染排放和治理情况，调查对象为排放污染或进行污染治理的单位；专业年报主要是为了了解全国环境管理工作情况和环保系统自身建设情况，调查对象为与环境管理有关的行政机构。我国环境统计调查制度总体发展过程如图 4-1 所示。

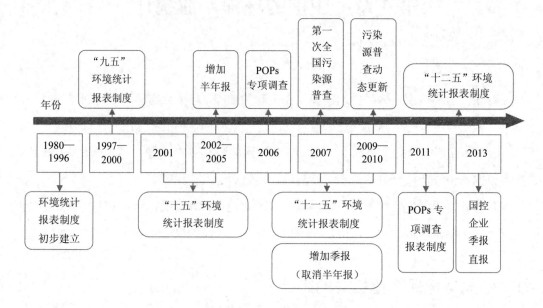

图 4-1　我国环境统计调查制度总体发展过程

注：POPs 为持久性有机污染物的简称。

不难发现，国家环境统计调查制度是关于自然资源环境实物量指标的一项统计制度，并未考虑环保产业的经济量指标。

4.1.2　中国环保产业调查

（1）中国环保产业调查组织实施方式　为掌握我国环保及相关产业的发展情况，自1988 年起，国家环保部门单独或联合发改委、统计部门共计开展了 6 次全国环保产业统计调查，获得了不同时期环境保护及相关产业发展的基本数据，为开展产业研究和制定产业政策提供了依据，也为各级政府部门制定和实施环境保护政策和规划、进行宏观管理和决策提供了支撑。从历年调查总结中，可了解我国环保产业调查为自上而下组织实施，调查反馈是自下而上逐级反馈[16]（表 4-1）。

表 4-1　我国历次环保产业调查的组织方式

年份	调查组织方式
1988	1989 年 4 月，国家环保局发文由中国环保工业协会 35 个地方分会为主，成立地方调查小组或调查办公室组织实施
1993	1994 年 8 月，国家环保局、国家计委、国家经贸委、国家科委、国家统计局会同国务院 36 个部委联合发文全国 29 个省市（不含西藏）环保局联合有关部门，成立地方调查小组或调查办公室
1997	国家环保总局发文（环发〔1997〕826 号）由全国 28 个省市（不含西藏、宁夏、海南）环保局及环保产业协会组织实施
2000	国家环保总局发文（环发〔2001〕11 号）由全国 31 个省市环保局（厅）组织实施
2004	国家环保总局、国家发改委、国家统计局联合发文（环发〔2004〕151 号）由全国 31 个省市环保局（厅）、联合相关部门组织实施
2011	环境保护部与发展改革委、国家统计局联合发布了《关于开展 2011 年全国环境保护及相关产业基本情况调查的通知》（环办函〔2011〕1310 号）。要求各地区尽快成立本地区环保产业调查领导小组及办公室，建立专门队伍，做好调查组织实施工作

（2）中国环保产业调查内容　从 1993 年至今，我国已开展了 5 次环保产业调查，调查基准年依次是 1993 年、1997 年、2000 年、2004 年及 2011 年，具体内容如表 4-2 所示。从已有的 5 次调查的调查对象上看，总体都是在我国境内正式登记注册，具有一定规模的从事环境保护及相关产业的企业、事业单位（独立核算的法人企业或事业单位），但每次调查中对环保产业的具体内涵界定是有差异的。从调查内容上看，主要包括对产业概况、产业的规模与效益、产业结构、地域分布等方面的调查，重点是规模调查。

表 4-2　我国历次环保产业调查的主要内容

年份	调查范围	调查内容
1988	环保工业	环保专用设备、仪器（部分通用仪器）、材料、药剂、"三废"处理及综合利用技术、装备
1993	7 大领域	环保产品生产、产品经营销售、环保技术开发、工程设计施工、环保咨询服务、"三废"综合利用、自然生态保护
1997	5 大领域	环保产品生产、环保技术服务、"三废"综合利用、自然生态保护、低公害产品生产
2000	5 大领域	环保产品生产、环境保护服务业、资源综合利用、洁净产品生产、自然生态保护
2004	4 大领域	环保产品生产、资源综合利用、环境保护服务、洁净产品生产
2011	4 大领域	环境保护产品、环境服务、资源循环利用产品、环境友好产品

4.1.3 中国战略性新兴产业统计

（1）战略性新兴产业概况 2010 年 10 月 18 日出台的《国务院关于加快培育和发展战略性新兴产业的决定》（以下简称《决定》，国发〔2010〕32 号）提出大力发展战略性新兴产业。《决定》指出，战略性新兴产业是以重大技术突破和重大发展需求为基础，对经济社会全局和长远发展具有重大引领带动作用，知识技术密集、物质资源消耗少、成长潜力大、综合效益好的产业[17]，包括节能环保产业、新一代信息技术产业、生物产业、高端装备制造产业、新能源产业、新材料产业和新能源汽车产业七大类产业。七类产业所包含的重点方向和主要任务如表 4-3 所示。

表 4-3 七类战略性新兴产业所包含的重点方向和主要任务[17]

产业名称	重点方向和主要任务
节能环保产业	重点开发推广高效节能技术装备及产品，实现重点领域关键技术突破，带动能效整体水平的提高。加快资源循环利用关键共性技术研发和产业化示范，提高资源综合利用水平和再制造产业化水平。示范推广先进环保技术装备及产品，提升污染防治水平。推进市场化节能环保服务体系建设。加快建立以先进技术为支撑的废旧商品回收利用体系，积极推进煤炭清洁利用、海水综合利用
新一代信息技术产业	加快建设宽带、泛在、融合、安全的信息网络基础设施，推动新一代移动通信、下一代互联网核心设备和智能终端的研发及产业化，加快推进三网融合，促进物联网、云计算的研发和示范应用。着力发展集成电路、新型显示、高端软件、高端服务器等核心基础产业。提升软件服务、网络增值服务等信息服务能力，加快重要基础设施智能化改造。大力发展数字虚拟等技术，促进文化创意产业发展
生物产业	大力发展用于重大疾病防治的生物技术药物、新型疫苗和诊断试剂、化学药物、现代中药等创新药物大品种，提升生物医药产业水平。加快先进医疗设备、医用材料等生物医学工程产品的研发和产业化，促进规模化发展。着力培育生物育种产业，积极推广绿色农用生物产品，促进生物农业加快发展。推进生物制造关键技术开发、示范与应用。加快海洋生物技术及产品的研发和产业化
高端装备制造产业	重点发展以干支线飞机和通用飞机为主的航空装备，做大做强航空产业。积极推进空间基础设施建设，促进卫星及其应用产业发展。依托客运专线和城市轨道交通等重点工程建设，大力发展轨道交通装备。面向海洋资源开发，大力发展海洋工程装备。强化基础配套能力，积极发展以数字化、柔性化及系统集成技术为核心的智能制造装备
新能源产业	积极研发新一代核能技术和先进反应堆，发展核能产业。加快太阳能热利用技术推广应用，开拓多元化的太阳能光伏光热发电市场。提高风电技术装备水平，有序推进风电规模化发展，加快适应新能源发展的智能电网及运行体系建设。因地制宜开发利用生物质能

产业名称	重点方向和主要任务
新材料产业	大力发展稀土功能材料、高性能膜材料、特种玻璃、功能陶瓷、半导体照明材料等新型功能材料。积极发展高品质特殊钢、新型合金材料、工程塑料等先进结构材料。提升碳纤维、芳纶、超高分子量聚乙烯纤维等高性能纤维及其复合材料发展水平。开展纳米、超导、智能等共性基础材料研究
新能源汽车产业	着力突破动力电池、驱动电机和电子控制领域关键核心技术,推进插电式混合动力汽车、纯电动汽车推广应用和产业化。同时,开展燃料电池汽车相关前沿技术研发,大力推进高能效、低排放节能汽车发展

2012 年 7 月 9 日发布的《"十二五"国家战略性新兴产业发展规划》明确了"十二五"期间战略性新兴产业的主要发展目标,即:到 2015 年,战略性新兴产业增加值占国内生产总值比重达到 8%左右,对产业结构升级、节能减排、提高人民健康水平、增加就业等的带动作用明显提高。到 2020 年,力争使战略性新兴产业成为国民经济和社会发展的重要推动力量,增加值占国内生产总值比重达到 15%。

根据"第三次全国经济普查"有关数据,2013 年年末,在第二产业和第三产业企业法人单位中,有战略性新兴产业活动的企业法人单位 16.6 万个,占全部企业法人单位 2%。其中,节能环保产业 7.1 万个,占全部企业法人单位 0.9%;新材料产业 4.7 万个,占 0.6%。

有战略性新兴产业活动的企业法人单位从业人员 2 362.3 万人,占全部企业法人单位从业人员的 8.1%。其中,节能环保产业 1 003.9 万人,占全部企业法人单位从业人员的 3.4%;新材料产业 707.9 万人,占 2.4%[18]。

(2)战略性新兴产业分类　为满足统计上测算战略性新兴产业发展规模、结构和速度的需要,2012 年 12 月,国家统计局发布了《战略性新兴产业分类(2012)(试行)》。图 4-2 截取了该分类的一部分内容,可以看出,该分类共分为三层,第一层将战略性新兴产业划分为七个大类;第二层和第三层依据《"十二五"国家战略性新兴产业发展规划》(国发〔2012〕28 号)以及发改委编制的《战略性新兴产业重点产品和服务指导目录》(公开征求意见稿)将七大类进一步细分,第二层为 30 个类别,第三层为 100 个类别;在第三层建立与行业和产品(服务)的对应关系,对应《国民经济行业分类》中的行业类别 359 个,对应战略性新兴产业产品及服务 2 410 项,其中对应《统计用产品分类目录》中的产品(服务)700 多项。分类表中第三列和第四列分别表示战略性新兴产业对应《国民经济行业分类》《统计用产品分类目录》的代码和名称[19]。

《战略性新兴产业分类(2012)(试行)》为独立的分类体系,采用线分类法和分层次编码方法。每一层采用阿拉伯数字进行编码,位数不限,每层代码之间用"."隔开。凡第二层不再细分，则第三层代码补一位"0"。对应《国民经济行业分类》和《统计用产品分类目录》均采用标准代码[19]。

代码	战略性新兴产业分类名称	行业代码 产品代码	行业名称 产品名称
1 1.1 1.1.1	节能环保产业 高效节能产业 高效节能通用设备制造		
		3411	锅炉及辅助设备制造 节能型电站锅炉 节能型工业锅炉 节能型船用蒸汽锅炉 H 型省煤器 高低差速循环流化床油页岩锅炉 秸秆发电锅炉 煤泥循环流化床锅炉 蓄热稳燃高炉煤气锅炉
		350104 350106	锅炉用辅助设备及装置 核反应堆及其零件 高效煤粉工业锅炉

图 4-2   战略性新兴产业分类表（截选）

（3）战略性新兴产业相关统计   2013 年开展的"第三次全国经济普查"（以下简称"三经普"）中设置了专门的"战略性新兴产业基本情况"报表。该调查以国家统计局制定的《战略性新兴产业分类（2012）（试行）》为标准。从图 4-3 中可以看出，"三经普"中的战略性新兴产业调查内容较为粗略，仅调查到行业大类，且仅调查单位数、营业收入两项指标。

表   号：632 表
制定机关：国家统计局
国务院经济普查办公室
文   号：国统字（2013）56 号

综合机关名称：　　　　　　　2013 年　　　　有效期至：2014 年 12 月

指标名称	代码	单位数 （个）	营业收入 （万元）
甲	乙	1	2
总计 一、按节能环保产业、新一代信息技术产业、生物产业、高端装备制造产业、新能源产业、新材料产业、新能源汽车产业分组 二、按地区分组			战略性新兴产业的营业收入按企业营业收入的一定比例计算

单位负责人：　　　　填表人：　　　　报出日期：2014 年　　月　　日

图 4-3   第三次全国经济普查"战略性新兴产业基本情况表"

4.2　环保产业统计存在的问题

我国环保产业统计调查制度存在着以下问题。

一是统计标准欠缺。我国至今未制定出台涵盖环保产业体系的行业分类标准，以及产品分类、技术分类等相关统计分类标准，从而导致统计调查的范围和对象难以清晰界定，给单位清查、产品与技术、项目的填报与核实带来困难。如非环保专用的设备、仪器、材料，以及资源、生态、环境友好类产品，哪些可划入、哪些不能划入环保产业统计，都应以相应的分类标准为依据。这些标准的制定须以环保产业范畴的界定为基础和前提，而这一问题长期以来一直未得到有效的解决。

二是未建立规范的环保产业统计调查制度。目前不定期的全面环保产业统计调查，仅采取一次性调查方式获取数据，没有建立常态化的、年度环保产业统计调查制度，调查时间的间隔不定，每次调查都需临时组建调查工作机构和调查网络，导致调查数据的实用性、连续性不强，调查数据的价值大幅降低。

三是环保产业统计并没有包含在国民经济统计的总体框架下。中国环保产业调查为一次性普查，不能与现行的国民经济核算体系进行衔接，也不能准确反映环保产业在国民经济发展中的地位和作用。《统计法》规定，搜集、整理统计资料，应当以周期性普查为基础，以经常性抽样调查为主体，综合运用全面调查、重点调查等方法，并充分利用行政记录等资料。环保产业调查属一次性全面调查，非间隔固定的周期性普查。调查方法单一，未建立包括经常性抽样调查、重点调查等的调查方法体系。

四是科学的环保产业调查组织实施方式尚未形成。目前中国的环保产业调查主要由环保局及协会类机构具体组织开展，其中统计局仅为参与单位，而主要调查实施单位的环保产业统计基础比较薄弱，统计专业基础不够完善，统计人员的能力参差不齐，尚未形成专业队伍，较大程度地影响了数据质量。

产业统计调查制度是针对某一产业领域的统计调查工作所制定的相应规则。一般来说，统计工作过程由五个阶段组成：统计设计、数据采集、数据审核整理、数据评估分析和数据发布。在统计实践中，做好每个阶段的工作都需要有相应的制度保障，如数据调查的制度、数据归纳统计的制度、数据核算的制度等。而过去我国环保产业主要是根据主管部门的行政文件进行了一些调查统计工作，尚未建立起规范的统计调查制度，无法生产高质量的产业统计数据。因此，制定环保产业调查统计制度是统计工作自身特性的客观要求，统计工作只有依据统一的指标定义、分类标准、计算方法、处理程序等统计业务规范，才能确保统计数据的科学性和可比性，只有在完善有效的制度保障下，才能使环保产业的调查统计实现规范、统一、可行，才能为环保产业的发展和宏观管理及时提供全面、系统、准确的统计数据。国际上关于环保产业的统计实践，尤其是 EGSS 统计框架，对于我国建立系统完善的环保产业统计制度、推动环保产业健康发展具有重要的借鉴意义。

4.3 中国引入 EGSS 的统计渠道分析

结合国内外关于环保产业统计的经验和实践，建立系统的环保产业统计体系，通过研究 EGSS 相关的经济指标，有利于掌握中国环保产业的真实情况，有利于为环保产业的发展提供科学的决策依据，有利于推进环境管理体制改革，从而为推进生态文明建设提供坚实的核算基础，推动环保产业又好又快的发展。而我国并未开展专门的环境货物与服务的调查，因此，结合现有的调查制度进行 EGSS 研究，在一定程度上具有重大的现实意义。

根据《欧盟环境货物与服务部门统计使用手册》表述，EGSS 统计框架研究范围能按照环境领域、产品属性等不同维度分类，统计的对象为所有从事 EGSS 相关生产活动的政府和企业，主要研究指标是营业收入、增加值、就业人数、出口额等。根据上述要求，选择符合 EGSS 统计框架的调查，必须要满足规模大、涵盖对象广、涉及指标全的特点。

而通过上述对中国统计体系以及中国环保产业统计建设情况的描述，就目前而言，在中国的各大调查中，规模较大、调查内容较广、能较为全面地提供 EGSS 环境货物与服务相关指标数据的调查有全国经济普查、投入产出调查以及环保部开展的环保产业调查等，因此，选择哪一类型的调查用于对 EGSS 的研究，值得本研究深入探讨。我国已有的与环保产业相关的统计活动和 EGSS 统计框架的比较如表 4-4 所示。

表 4-4 我国已有的统计活动和 EGSS 的比较

统计活动	经济普查（第三次）	投入产出调查	环保产业调查	EGSS 统计框架
统计范围	在我国境内从事第二产业和第三产业的全部法人单位、产业活动单位和个体经营户	重点法人单位，涉及除农、林、牧、渔业外的所有国民经济行业	环境保护产品、环境友好产品、资源循环利用产品、环境服务	以"环境保护"或"资源管理"为目的的生产经营活动所产生的特定环境服务、环境关联服务、关联产品、适应产品、末端处理技术、集成技术

统计活动	经济普查（第三次）	投入产出调查	环保产业调查	EGSS 统计框架
统计指标	单位基本属性、从业人员、财务状况、生产经营情况、生产能力、原材料和能源及主要资源消耗、科技活动情况、战略性新兴产业情况等	法人单位的成本费用构成和利润，投资项目的投资构成等	生产经营情况、生产能力、技术水平、研发投入、从业人员、出口情况等一系列指标	营业收入、增加值、就业人数、出口额
数据收集与整理	自下而上上报，国家宣传力度大	是编制投入产出表的重要来源，其意义在于编制出科学的投入产出表	自下而上通过专用软件系统上报数据，最终由主管部门汇总	提供了统一的产品分类标准，但是无统一的数据收集标准，各国自行选择数据收集方法，最终汇总成统一格式的标准表格。既可通过已有的统计数据收集数据，也可进行专项调查
统计机制	五年开展一次全国性的经济普查	每五年（逢2、逢7年份）进行一次全国投入产出调查和编表工作	一次性专项调查	欧盟国家两年一次的常规统计

4.3.1　各调查统计开展基本情况

（1）第三次经济普查　根据《全国经济普查条例》的有关规定，每5年开展一次全国性的经济普查。第三次经济普查的标准时点为 2013 年 12 月 31 日，普查时期资料为 2013 年年度资料。

第三次经济普查的对象是在我国境内从事第二产业和第三产业的全部法人单位、产业活动单位和个体经营户。普查的主要内容包括单位基本属性、从业人员、财务状况、生产经营情况、生产能力、原材料和能源及主要资源消耗、科技活动情况、战略性新兴产业情况等。

（2）投入产出调查　投入产出调查是编制投入产出表的重要来源，其意义在于编制出科学的投入产出表。通过科学的投入产出表对宏观和微观的经济现象进行定性或定量的分析，从而既可在宏观层面上制定出更加合理的经济政策，对国民经济进行有效的宏观调控；也可在微观层面上加强企业管理，提高企业的经济效益。

投入产出调查和编表工作是一项经国务院批准的长期的周期性工作。1987 年 3 月底，国务院办公厅发出了《关于进行全国投入产出调查的通知》（国办发〔1987〕18 号），明确规定每五年（逢 2、逢 7 年份）进行一次全国投入产出调查和编表工作。最近一次编制为 2012 年投入产出表，此次调查的对象是我国的重点法人单位，涉及除农、林、牧、渔业外的所有国民经济行业。调查的主要内容包括法人单位的成本费用构成和利润，投资项目的投资构成等。

（3）环保产业调查　环保产业调查为一次性全面调查。第四次中国环保产业调查时点指标为 2011 年 12 月 31 日 24 时，时期指标为 2011 年 1 月 1 日—12 月 31 日。调查范围为正式登记注册的专业和兼业从事环境保护产品、环境友好产品、资源循环利用产品生产经营和环境保护服务活动，独立核算的国有法人和环境保护相关产业年收入 200 万元以上的非国有法人。

4.3.2　各调查统计在 EGSS 领域适应性对比研究

在了解了各调查开展的基本情况之后，将通过三者在 EGSS 领域中的适应性对比，最终选择本次研究所要采用的调查数据。

（1）经济普查与投入产出调查对比研究　经济普查与投入产出调查，在各自的领域中发挥着关键性的作用，通过初步判定，两个调查均可根据国民经济行业代码与 EGSS 对应，筛选出属于 EGSS 的行业，并获得相应的研究指标，但进行深入对比发现，经济普查在 EGSS 的运用，更加优于投入产出调查，其主要表现为以下几个方面。

①经济普查的调查对象更广。经济普查的对象是在我国境内从事第二产业和第三产业的全部法人单位、产业活动单位和个体经营户，其专门针对主要业务活动展开调查，因此可以通过该途径，能更加便捷、准确地识别出对属于 EGSS 领域的企业。而投入产出调查是一次典型调查，其对象是我国重点法人单位，通过典型调查一致化处理成全国口径，随之而来的问题是数据本身就存在着偏差。因此，对比而言，经济普查涵盖对象更广，数据更加全面。

②经济普查的数据更新。第三次经济普查于 2014 年开展，调查的标准时点为 2013 年 12 月 31 日，普查时期资料为 2013 年年度资料。而投入产出调查于 2012 年开展，调查时期资料为 2012 年年度资料，相较数据的时效性，经济普查的数据更能反映出经济发展情况。因此，将经济普查的数据运用于 EGSS 环境货物与服务中，更能体现出近期环境货物与服务发展现状，更具有说服力。

③经济普查的经济指标更全面。经济普查中涵盖了最为全面的经济发展指标，包括单位基本属性、从业人员、财务状况、生产经营情况、生产能力、原材料和能源及主要资源

消耗、科技活动情况、战略新兴产业发展情况等内容,而投入产出调查则主要是包括法人单位的成本费用构成和利润,投资项目的投资构成等内容,相比较而言,将经济普查数据运用于 EGSS 中,获取指标的途径更加容易、灵活和准确,且更具有针对性。

(2) 经济普查与环保产业调查对比研究　经济普查与环保产业调查在 EGSS 中的运用,某种程度上存在着相似。在测量环保产业 EGSS 在中国的可行性(一期)探索中,试点城市武汉市选择了环保产业调查作为 EGSS 统计框架的研究对象,通过研究发现,环保产业调查在一定程度上用于 EGSS 的研究是可行的,但对比经济普查应用于 EGSS 研究,经济普查又具有关键性的优势,具体表现为以下几个方面。

①统计对象更广。环保产业调查中的统计对象为国有法人单位和环境保护及相关产业年销售(经营)收入 200 万元以上的非国有法人单位。包括企业、事业单位、民间非营利组织等,不包括政府部门。而经济普查则是针对我国境内从事第二产业和第三产业的全部法人单位、产业活动单位和个体经营户,对比而言,环保产业的调查对象仅是经济普查调查对象之一,经济普查的统计对象更广泛。

②统计数据更新。环保产业调查是一次专项调查,最近一次调查于 2012 年开展实施,调查时点指标为 2011 年 12 月 31 日 24 时,时期指标为 2011 年 1 月 1 日—12 月 31 日。第三次经济普查于 2014 年开展,调查的标准时点为 2013 年 12 月 31 日,普查时期资料为 2013 年年度资料。相较数据的时效性,经济普查的数据更新。因此,将经济普查数据运用于 EGSS 环境货物与服务中,更具有代表性。

③首次将战略性新兴产业纳入经济普查中,可初步探索战略性新兴产业在 EGSS 的应用。2012 年,国家统计局发布了《战略性新兴产业分类(2012)(试行)》,并首次在 2013 年的经济普查中加入了战略性新兴产业相关调查,今后随着国家对战略性新兴产业的重视不断加大,战略性新兴产业相关的统计制度也会日趋完善。而战略性新兴产业中的节能环保产业、新能源产业、新能源汽车产业等都完全或部分属于 EGSS 统计框架包含的内容,并且包含很多“全国环境保护及相关产业基本情况调查”中未包含的内容。今后的研究中,将针对性地探讨其与 EGSS 统计框架相结合的可行性。

综上所述,三个调查虽存在着各自的优点,但第三次经济普查可更加客观、真实、实时地展现 EGSS 统计框架的情况,且资料收集可操作性强、数据分析可信度高,依托经济普查数据对 EGSS 环境货物与服务展开讨论更具有研究价值。因此,本研究将以经济普查数据为基础,基于经济普查基表进行 EGSS 数据的收集和分析。

4.4　小结

本章主要分析了我国现有统计体系下环保产业统计建设的总体情况，主要介绍了我国与环保产业相关的三类统计，总结出环保产业统计存在的主要问题，进一步结合 EGSS 特征，开展比较分析，从操作性角度考虑，提出中国引入 EGSS 的可能的渠道和方式。

（1）环保产业统计调查制度的确立是科学制定和实施环保产业政策的重要前提。环保产业为我国防治污染、改善生态环境提供了物质基础和技术保障。当前，国家已将环保产业确立为战略性新兴产业加以培育，并正在加紧制定促进环保产业发展的对策措施。科学制定和实施环保产业政策的重要前提是要通过统计调查适时了解产业发展现状，及时评估环保产业发展带来的经济效益和环境效益，并对环保产业的发展形势进行准确的判断。因此，构建科学、实用、便于操作的环保产业统计调查制度具有非常重要的意义。

（2）我国环保产业统计调查制度仍存在着一系列的缺陷和相关问题。我国环保产业统计制度存在的问题主要是：一是统计标准欠缺。我国至今未制定出台涵盖环保产业体系的行业分类标准，以及产品分类、技术分类等相关统计分类标准，从而导致统计调查的范围和对象难以清晰界定。二是未建立规范的环保产业统计调查制度。三是环保产业统计并没有包含在国民经济统计的总体框架下。中国环保产业调查为一次性普查，不能与现行的国民经济核算体系进行衔接，也不能准确反映环保产业在国民经济发展中的地位和作用。四是科学的环保产业调查组织实施方式尚未形成。

（3）结合我国现有的调查制度进行 EGSS 研究具有重大的现实意义。结合国内外关于环保产业统计的经验和实践，建立系统的环保产业统计体系，通过研究 EGSS 相关的经济指标，有利于掌握中国环保产业的真实情况，有利于为环保产业的发展提供科学的决策依据，有利于推进环境管理体制改革，从而为推进生态文明建设提供坚实的核算基础，推动环保产业又好又快的发展。从中国的实际情况看，以经济普查数据为基础，基于经济普查基表进行 EGSS 数据的收集和分析；并依托于经济普查基表针对性地开展战略性新兴产业统计的研究，探讨其与 EGSS 统计框架相结合的可行性意义重大。

第5章　经济普查与EGSS统计框架比较

本章介绍中国经济普查及其基础的企业调查基表实施情况，比较分析全国经济普查与EGSS统计框架的主要区别，研究如何通过第三次全国经济普查的调查基表来核算EGSS，提出从全国经济普查的调查基表核算EGSS数据的思路。

5.1　第三次全国经济普查与EGSS的比较分析

5.1.1　第三次全国经济普查与EGSS统计框架的比较

经济普查和EGSS统计框架在统计定位上明显不同，使得两者在统计范围、统计对象、统计指标以及统计数据的收集和整理等方面有显著差异，具体比较如表5-1所示。

表5-1　第三次全国经济普查与EGSS统计框架比较

	EGSS统计框架	第三次全国经济普查
统计范围分类	按照环境领域、产品属性等不同维度分类	未按照环境领域和产品属性分类，采取国民经济行业分类，对应国民经济行业分类的19个门类，但未细致到产品的程度
统计对象	所有从事EGSS相关生产活动的政府和企业。仅包含生产商，不包含零售商	从事第二产业和第三产业的全部法人单位、产业活动单位和个体经营户，包含除农、林、牧、渔业外其余所有行业的所有生产商、零售商，也包括政府部门
统计指标	四项指标：营业收入、增加值、就业人数、出口额	多项指标：从业人员数量和构成、资产和财务状况、生产经营情况、产品产量、主要原材料和能源消耗、科技活动情况等
数据收集与整理	无统一的数据收集标准，各国自行选择数据收集方法，最终汇总成统一格式的标准表格	自下而上通过电子终端设备（PDA）采集数据、填报普查表，将登记、录入一次完成，有详细的普查业务流程规定
统计机制	两年进行一次的常规统计	五年进行一次的常规统计

但是，经济普查作为我国现有统计制度中调查范围较广的一项常规统计制度，专门针对企业的主要业务活动展开调查，因此可以通过主要业务活动的关键词识别，较为便捷、准确地识别出属于 EGSS 领域的企业，加上经济普查设计了较为翔实的统计报表，包含了调查单位的多项经济指标，基本可以涵盖 EGSS 所需的 4 项指标。并且经济普查由国家统计局牵头，采用"自下而上"填报报表的形式，具备一定的技术和制度保障。一方面，经济普查有一套专门的调查软件，用于全国各地数据的上报与汇总，该软件可通过行业代码与 EGSS 统计框架相结合，从而可简化数据收集工作；另一方面，经济普查能够得到各有关部门的大力支持，能为调查工作的顺利开展提供制度保障。

可见，依托于国民经济行业分类的小类代码，经济普查能够在小类层次归集出环境货物与服务部门数据，可以作为从我国现有统计制度填报 EGSS 标准表格的一个尝试。

5.1.2　国民经济行业分类与 EGSS 分类的比较分析

EGSS 统计框架将以环境为目的的活动分为"环境保护"和"资源管理"两类。其中环境保护型活动采用国际统一标准的环境保护活动分类体系（Classification of Environmental Protection Activities，CEPA）分为九个小类，资源管理型活动采用资源管理活动分类体系（Classification of Resource Management Activities，CReMA）分为七个小类。EGSS 统计框架按照产品属性将环境货物和服务分为六类，即专项环保服务、单用途环境服务、单用途环境产品、改良品、末端处理技术和综合技术。

作为一个独特的行业，环境货物和服务部门还没有公认的标准统计术语，例如：钢铁行业。它综合了多个不同经济部门的活动。因此，无法使用标准对其进行统计分类，建立一个完整的、综合的环境货物和服务部门活动清单。因此，在描述和分析该行业时，首先需要识别环境货物和服务部门群体，这也是最重要的步骤，它不依赖于所选择的收集环境货物和服务部门统计数据的方法选择[20]。实际上，《欧盟环境货物和服务部门统计使用手册 2009》（以下简称《EGSS 手册 2009》）中介绍的荷兰、瑞典、加拿大等国家在收集 EGSS 数据的过程中都是根据环境货物和服务部门的定义建立一个包含环境货物和服务部门的生产商数据库，再基于现有统计数据库开展数据收集。

《国民经济行业分类》是贯穿于全国经济普查工作中的一项分类标准，反映了全社会经济活动的标准的基层分类。国民经济行业分类是国内对应国际标准产业分类用于表述经济产业内容和结构的基本标准，所有产业活动都被包容在一个四层次分类体系中。《国民经济行业分类》（GB/T 4754—2011），将经济活动分类分为 20 个门类、96 个大类、434 个

中类和 1 095 个小类[21]，由此为经济管理和产业统计资料归集提供基本规范。其代码结构
如图 5-1 所示。

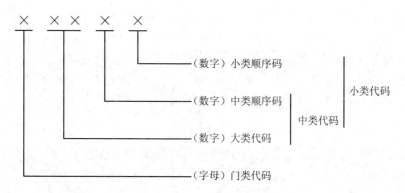

图 5-1　国民经济行业分类代码结构

国民经济行业分类规定了全社会经济活动的分类与代码，采用经济活动的同质性原则
划分行业类别，即每一个行业类别都按相同性质的经济活动归类，而不是依据行政事业编
制、会计制度和部门管理归类。国民经济行业分类最理想的基本单位是产业活动单位。如
一个单位类型的经济活动越单一，越适合采集到行业小类；如果一个单位从事两种或两种
以上的经济活动，则按主要活动确定行业划分。

国民经济行业分类是我国开展统计工作的基础，建立以国民经济行业分类的环境货物
与服务部门统计目录，将有助于使用统计系统庞大的数据库，获取环境货物与服务部门的
相关统计数据，从而使研究成果在全国及各地区具有借鉴作用和推广价值。

5.2　从全国经济普查基表核算 EGSS 数据的思路及步骤

5.2.1　总体思路

参照《EGSS 手册 2009》第 2 章关于环境货物和服务部门的定义，根据《国民经济行
业分类》（GB/T 4754—2011）中每一个类别的说明，将 4 位数的小类代码与 EGSS 统计框
架中的产品分类和环境领域分类进行对应，即可从我国的整体经济活动中选择出环境技
术、产品和服务的生产商。然后，根据国民经济行业代码对环境货物和服务部门生产商进
行重新分组，并按照环境领域、产品属性进行分类。再采用国民经济行业类别及每个企业
特有的组织机构代码通过经济普查统计数据库寻找或估算诸如营业额、增加值、就业和出

口额数据。此外，国民经济行业类别还可在标准表格中对生产商重新分组，用于向欧盟统计局报告数据。

通过第三次全国经济普查数据收集 EGSS 统计数据的基本框架如图 5-2 所示。

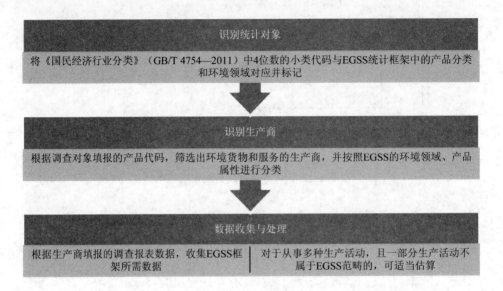

图 5-2　通过第三次经济普查收集 EGSS 数据框架

5.2.2　统计对象的识别

因为无法采用专门的标准统计分类方法来识别和划分环境货物和服务部门的生产商，所以，构建一个环境货物和服务的生产商数据库有助于确保环境货物和服务部门的覆盖范围。《EGSS 手册 2009》第 3 章详细介绍了识别和划分环境货物和服务部门的手段和方法，对环境货物和服务部门群体的识别并建立环境货物和服务部门的生产商数据库的程序进行了说明，具体如图 5-3 所示。它吸取了经合组织/欧盟统计局环境产业手册关于一些国家在收集环境货物和服务部门数据经验的建议。

在此基础上，课题组根据《国民经济行业分类》（GB/T 4754—2011）中每一个类别的说明与 EGSS 统计框架中的产品分类和环境领域分类进行了对应，具体对应关系见附表 1。基于附表 1 的分类对应，将第三次全国经济普查数据库中的数据按照国民经济行业小类代码汇总，即可按照 EGSS 统计框架处理数据。具体来说，此次研究将统计对象的识别划分为如下两个阶段。

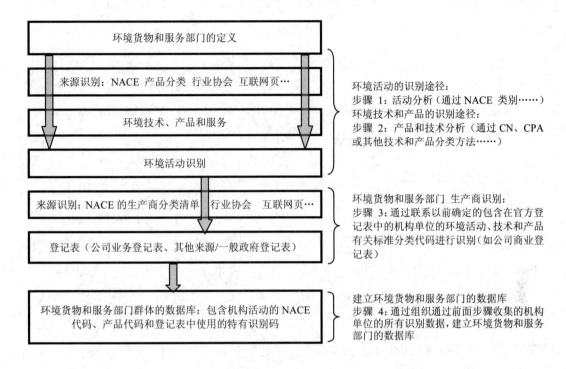

图 5-3 如何识别和建立环境货物和服务的群体数据库

（1）EGSS 分类与国民经济行业融合阶段 按照 EGSS 分类标准和解释，完成 EGSS 与《国民经济行业分类》对应关系梳理，获得 EGSS 与国民经济行业分类对应表共计 4 张，即全部国民经济行业类别中全部活动属于 EGSS、部分属于 EGSS、暂时不能界定该行业活动是否属于 EGSS 以及暂时不能界定该行业活动是否部分属于 EGSS。

（2）统计范围确定阶段 该阶段是在上一阶段基础上，对上述 4 张对应表是否将纳入 EGSS 统计框架做进一步的确定，共经历以下几个步骤。

①对于全部活动属于 EGSS 的行业类别，本研究将其全部纳入 EGSS 研究范围。

②对于行业活动部分属于 EGSS 的行业类别，首先，将每个企业名录中的主要业务活动内容与 EGSS 的解释作对比，把相匹配的单位纳入 EGSS 中；其次，在筛选过程中，会出现主要业务活动描述与 EGSS 解释不相匹配，但又是与环境保护类相关的单位，此时，将通过"环保""环境"等与 EGSS 相关的字段进行逐个筛选确定，获得的企业单位亦将纳入到 EGSS 中；最后，未被选中的企业名录将全部剔除。

③对于暂时不能界定该行业活动是否属于 EGSS 以及暂时不能界定该行业活动是否部分属于 EGSS 的行业不作为此次研究对象，拟在下一阶段开展深入研究。

　　至此，建立起一个包含环境货物和服务部门群体的数据库，数据库中每个企业都按照国民经济行业分类的小类代码和所在环境领域进行分类。国民经济行业小类代码的信息从经济普查基表中收集，环境领域根据企业的活动说明以及经合组织/欧盟统计局环境行业手册规定的环境领域的对应关系进行决定。一旦企业识别后，就能够通过其唯一的识别码——组织机构代码，在经济普查数据库中被明确指出，从企业填报经济普查相关报表中获得关于营业额、就业、出口额、增加值等变量的相关信息。

5.2.3　统计对象的比较分析

　　如表 5-2 所示，《国民经济行业分类》（GB/T 4754—2011）中涵盖了 EGSS 统计框架中"环境保护类"活动的所有领域。产品的属性以"专项环保服务与单用途环境服务""单用途环境产品""末端处理技术"和"改良品"为主，基本未对"综合技术"进行分类。

　　如表 5-3 所示，在 EGSS 统计框架中的"资源管理类"活动中，有三类未被列入《国民经济行业分类》（GB/T 4754—2011），分别是："CReMA 14 矿产资源管理""CReMA 15 研发活动"和"CReMA 16 其他自然资源管理活动"。产品属性以"专项环保服务与单用途环境服务"和"改良品"为主，"单用途环境产品""末端处理技术"和"综合技术"的产品也能在一定程度上识别出来。

表 5-2　《国民经济行业分类》（GB/T 4754—2011）与 EGSS 统计框架对比

项目	CEPA 1 大气环境保护与应对气候变化	CEPA 2 废水治理	CEPA 3 废物治理	CEPA 4 土壤、地下水、地表水保护与修复	CEPA 5 噪声和振动削减	CEPA 6 生物多样性与景观保护	CEPA 7 辐射防护	CEPA 8 研发活动	CEPA 9 其他环保相关活动
专项环保服务与单用途环境服务	✓	✓	✓	✓	✓	✓	✓	✓	✓
改良品	✓	×	✓	✓	×	—	—	—	—
单用途环境产品	✓	✓	✓	✓	✓	✓	✓	★[①]	✓
末端处理技术	✓	✓	✓	✓	✓	—	—	—	—
综合技术	×	✓	×	×	×	—	—	—	—

注："✓"表示可从《国民经济行业分类》（GB/T 4754—2011）中找到的 EGSS 统计框架中所应该包含的产品；"×"表示无法从《国民经济行业分类》（GB/T 4754—2011）中找到的 EGSS 统计框架中所应该包含的产品；"—"表示《EGSS 手册》中无法举例，即不需要统计的部分；"★"表示《EGSS 手册》中未列出，但是《国民经济行业分类》（GB/T 4754—2011）中所包含的部分。
①环境污染处理专用药剂材料制造（该行业类别全部活动属于 EGSS）。

表 5-3 《国民经济行业分类》（GB/T 4754—2011）与 EGSS 统计框架对比

项目	CReMA 10 水体管理	CReMA 11A 森林区域管理	CReMA 11B 森林资源的最小化索取	CReMA 12 野生动植物群管理	CReMA 13A 可再生能源生产	CReMA 13B 节能及其管理	CReMA 13C 减少化石能源使用	CReMA 14 矿产资源管理	CReMA 15 研发活动	CReMA 16 其他自然资源管理相关活动
专项环保服务与单用途环境服务	✓	×	✓	✓	✓	✓	★①	—	?	?
改良品	✓	—	×	—	×	✓	✓	?	—	—
单用途环境产品	×	✓	—	✓	—	×	—	—	—	?
末端处理技术	✓	✓	—	×	×	—	—	—	—	—
综合技术	✓	×	×	—	×	✓	×	—	—	—

注："✓"表示可从《国民经济行业分类》（GB/T 4754—2011）中找到的 EGSS 统计框架中所应该包含的产品；"×"表示无法从《国民经济行业分类》（GB/T 4754—2011）中找到的 EGSS 统计框架中所应该包含的产品；"—"表示《EGSS 手册》中无法举例，即不需要统计的部分；"★"表示《EGSS 手册》中未列出，但是《国民经济行业分类》（GB/T 4754—2011）中所包含的部分；"?"表示与 EGSS 中其他分类对应的国标行业小类高度重合难以列举。
①人造原油批发和进出口（该行业类别活动部分属于 EGSS）

5.2.4 数据收集与处理

识别出提供环境货物与服务的企业后，可通过其唯一的识别码——组织机构代码，在经济普查数据库中被明确指出，得以从企业填报经济普查相关报表中获得关于营业额、就业、出口额、增加值等变量的相关信息。

经济普查数据库是完全基于企业的数据，以调查范围确定阶段筛选出的企业名录为基础，涉及的经济普查基表主要有 6 张，分别是：单位普查表（611 表），规模以上工业法人单位财务状况（B603-1 表），规模以上工业法人单位成本费用（B603-2 表），有总承包和专业承包资质的建筑业法人单位财务状况（C603 表），限额以上批发和零售业法人单位商品购进、销售和库存（E604 表），重点服务业法人单位财务状况（F603 表），从中提取的信息主要包括行业代码、行业类别、产品填报代码、组织机构代码、主要业务活动、从业人员数、营业收入、出口额、战略新兴产业收入以及用于计算增加值的相关数据等。再结合国民经济行业分类与 EGSS 统计框架对应表，将每一企业单位归入 EGSS 对应领域及属性中。最后，按照环境领域和产品属性两大类别，分别进行分组并汇总。

EGSS 统计框架关注的营业额、就业人数、出口额、增加值的具体核算方法如下所述。

（1）营业额　根据 EGSS 中营业额的定义，同时结合第三次全国经济普查情况与实际，决定采用通过营业收入和营业税金及附加之和反映营业额、通过主营业务收入和主营业务税金及附加之和反映主要业务的营业额，具体数据提取于普查基础表（611 表）中的营业收入、营业税金及附加、主营业务收入和主营业务税金及附加。即：

$$营业额=营业收入+营业税金及附加（611 表）$$

（2）就业人数　EGSS 统计框架对就业人数的定义为在机构内工作或为机构工作的、每隔一定时间收取现金或其他形式报酬的所有人员。第三次经济普查对就业人数的定义为报告期末最后一日 24 时在本单位工作，并取得工资或其他形式劳动报酬的人员数。本次研究就业人数提取于普查基础表（611 表）中的从业人员数。即：

$$就业人数=从业人员数（611 表）$$

（3）出口额　EGSS 统计框架对出口额的定义为产品和服务从常住居民向非常住居民的交易。由于普查基表中没有统计出口额指标，为使得数据来源具有一致可得性，本研究选用经济普查各行业财务状况表中的出口额来表征。即：

$$出口额=相关行业财务报表中的出口数据$$

注：①工业企业出口额取自"规模以上工业企业成本费用和非成本费用财务状况表（B603-1、B603-2）"表中的出口交易值。

②建筑企业出口额取自"总承包和专业承包资质的建筑业法人单位财务状况（C603表）"中的建筑业企业在境外完成的营业收入。

③批发零售业出口额取自"限额以上批发和零售业商品购进、销售和库存（E604-1 表）"中的出口额。

④重点服务业（F603 表）、房地产业（X603 表）、住宿餐饮业（S603 表）以及非联网直报企业未对出口额进行统计。

（4）增加值　EGSS 统计框架对增加值的定义为产品售价与用于生产产品和服务的支出总额之间的差额。经济普查是一次全面性调查，涵盖了较为全面的经济指标，通过收入法计算增加值是一种较为可靠准确的方法，但现阶段由于增加值数据未经国家核定，无法采用此方法。故本研究通过增加值率计算增加值。增加值率是在一定时期内，增加值占总产出的比重，通过总产出与增加值率的乘积计算得到增加值。其具体的操作方法如下所示。

一是参考采用全市分行业增加值率，数据主要来源于第三次经济普查以及 2013 年年报，又因增加值率的测算目前仅计算到各行业的大类或者中类，行业小类的增加值率较难获取，经专家评估，最终以各大、中类行业的增加值率作为 EGSS 行业对应的增加值率。具体公式为：

$$增加值率_{EGSS} = \frac{各大、中行业增加值}{对应大、中行业总产出}$$

二是计算总产出，本研究为使得数据具有一致可比性，主要利用营业收入等指标表征 EGSS 对应行业的总产出。

三是计算增加值，根据增加值与总产出之间的关系，即增加值率与总产出的乘积可得增加值。具体计算公式：

$$增加值_{EGSS} = 增加值率_{EGSS} \times 总产出_{EGSS}$$

5.3　小结

本章主要比较分析全国经济普查与 EGSS 统计框架的主要区别，研究如何通过第三次全国经济普查的调查基表来核算 EGSS，提出从全国经济普查的调查基表核算 EGSS 数据的思路和操作路径。

（1）经济普查和 EGSS 统计框架在统计定位上虽有差异，但经济普查数据可以基本涵盖 EGSS 的所需指标。经济普查和 EGSS 统计两者在统计范围、统计对象、统计指标以及统计数据的收集和整理等方面有显著差异。但经济普查作为我国现有统计制度中调查范围较广的一项常规统计制度，专门针对企业的主要业务活动展开调查，可以通过对主要业务活动的关键词识别，较为便捷、准确地识别出属于 EGSS 领域的企业，加上经济普查设计了较为翔实的统计报表，包含了调查单位的多项经济指标，基本可以涵盖 EGSS 所需的 4 项指标。

（2）依托现行的国民经济行业分类开发出环境货物与服务部门分类目录，是利用现有统计基础进行 EGSS 统计的基础。环境货物与服务部门的产业活动是以不同方式存在于企业生产活动中，被混杂在一般经济产业分类的各个类别中无法直接体现。所以，将其从其他经济活动中识别出来，依托于国民经济行业分类能在小类层次归集出环境货物与服务部门数据的经济普查，可以作为从我国现有统计制度填报 EGSS 标准表格的一个尝试。

第 6 章　战略性新兴产业与 EGSS 统计框架的比较

本章从产品分类和基本单元的微观角度对战略性新兴产业和 EGSS 统计框架进行对比分析，并从已有统计数据分析 EGSS 数据，提出未来以战略性新兴产业统计为切入点引入 EGSS 的思路。

6.1　战略性新兴产业与 EGSS 的比较分析

6.1.1　统计对象分类

根据 EGSS 统计框架对"环境货物和服务部门"的定义，七大类战略性新兴产业中的三类，即节能环保产业、新能源产业以及新能源汽车产业可以纳入 EGSS 统计框架。根据《战略性新兴产业分类（2012）（试行）》，本小结介绍了上述三类产业所包含的细分产品和 EGSS 统计框架的分类标准的对应情况。

6.1.1.1　节能环保产业

节能环保产业下分高效节能产业、先进环保产业、资源循环利用产业以及节能环保综合管理服务四类，每一类又下分若干个小类的产品和服务。

（1）高效节能产业

①高效节能通用设备制造：该类产品属于《国民经济行业分类》中的"34 通用设备制造业"，但是和一般的通用设备相比，更加高效节能，所以，属于 EGSS 统计框架中的"改良品"。由于该类产品比一般产品更加节约能源，因此 EGSS 统计框架中对于环境领域的划分，属于 CReMA 13B 节能及其管理。

②高效节能专用设备制造：该类产品属于《国民经济行业分类》中的"35 专用设备制造业"，但是和一般的专用设备相比，更加高效节能，所以，属于 EGSS 统计框架中的"改

良品"。由于该类产品比一般产品更加节约能源，因此 EGSS 统计框架中对于环境领域的划分，属于 CReMA 13B 节能及其管理。其中"机械化农业及园艺机具制造"中的"节水型喷灌机械设备"和"农业节水型灌溉机械、灌溉系统"属于 CReMA 10 水体管理。

③高效节能电气机械器材制造：该类产品属于《国民经济行业分类》中的"38 电气机械和器材制造业"，但是和一般的机械和器材相比，更加高效节能，所以，属于 EGSS 统计框架中的"改良品"。由于该类产品比一般产品更加节约能源，因此 EGSS 统计框架中对于环境领域的划分，属于 CReMA 13B 节能及其管理。

④高效节能工业控制装置制造：该类产品属于《国民经济行业分类》中的"40 仪器仪表制造业"，但是和一般的仪器仪表相比，更加高效节能，所以，属于 EGSS 统计框架中的"改良品"。由于该类产品比一般产品更加节约能源，因此 EGSS 统计框架中对于环境领域的划分，属于 CReMA 13B 节能及其管理。

⑤新型建筑材料制造：该类产品中的"涂料制造"属于《国民经济行业分类》中的"26 化学原料和化学制品制造业"；"日用塑料制品制造"属于《国民经济行业分类》中的"29 橡胶和塑料制造业"；"水泥制品制造""轻质建筑材料制造""黏土砖瓦及建筑砌块制造""隔热和隔音材料制造""技术玻璃制品制造"以及"玻璃纤维增强塑料制品制造"属于《国民经济行业分类》中的"30 非金属矿物制品业"，但是和一般的建筑材料制造相比，更加节能和高效，所以属于 EGSS 统计框架中的"改良品"。由于该类产品比一般产品更加节约能源，因此 EGSS 统计框架中对于环境领域的划分，属于 CReMA 13B 节能及其管理。

（2）先进环保产业

①环境保护专用设备制造：包括电子工业专用设备制造、环境保护专用设备制造、水资源专用机械制造、其他电子设备制造。其中，电子工业专用设备制造由于缺乏有效信息，无法判断是否属于 EGSS 统计框架。环境保护专用设备属于《国民经济行业分类》中的"35 专用设备制造业"，其中，"大气污染防治设备"属于 EGSS 框架中的"CEPA 1 大气环境保护与应对气候变化"领域；"水污染防治设备"属于"CEPA 2 废水治理"；"固体废物处理处置设备"属于"CEPA 3 废物治理"；"放射性污染防治和处理设备"属于"CEPA 7 辐射防护"；"土壤污染治理与修复设备"属于"CEPA 4 土壤、地下水、地表水保护与修复"；"其他环境污染治理专用设备"属于"CEPA 9 其他环保相关活动"。由于上述环境保护专用设备的主要用途为末端的污染治理，因此按照 EGSS 框架中的产品属性属于"末端处理技术"。水资源专用机械制造主要包括清淤机械，由于其主要目的并不是为了减少水资源的消耗量，因此不属于 EGSS 统计框架范畴。其他电子设备制造包括噪声与振动控制设备，

属于 EGSS 统计框架中的"CEPA 5 噪声和振动削减",按照产品属性,属于"末端处理技术"。

②环境保护监测仪器及电子设备制造:属于《国民经济行业分类》中的"40 仪器仪表制造业",其中的"水污染监测仪器"属于 EGSS 统计框架中的"CEPA 2 废水治理";"气体或烟雾分析、检测仪器"属于"CEPA 1 大气环境保护与气候变化";"噪声监测仪器、相关环境监测仪器"属于"CEPA 5 噪声和振动削减";"船舶防污检测系统""环境监测仪器仪表""环境质量监测网络专用设备""污染源过程监控设备"四类产品没有相对应的环境领域,但是也属于环境保护相关的产品,可以归类为"CEPA 9 其他环保相关活动";"生态监测仪器"属于"CEPA 6 生物多样性与景观保护";"核子及核辐射测量仪器制造"属于"CEPA 7 辐射防护"。上述环境保护监测仪器及电子设备制造均为专门用于环境保护相关活动,没有其他用途,因此,按照产品属性,属于 EGSS 统计框架中的"单用途环境产品"。

③环境污染处理药剂材料制造:属于《国民经济行业分类》中的"26 专用化学产品制造",其中的"水污染防治药剂、材料"属于 EGSS 统计框架中的"CEPA 2 废水治理";"大气污染防治药剂"属于"CEPA 1 大气环境保护与应对气候变化";"固体废物处理处置药剂、材料"属于"CEPA 3 废物治理";"土壤污染治理与修复药剂、材料"属于"CEPA 4 土壤、地下水、地表水保护与修复";"其他环境污染处理药剂、材料"属于"CEPA 9 其他环保相关活动"。由于上述的药剂材料用于污染物的末端处理,因此,按照 EGSS 统计框架中的产品属性,属于"末端处理技术"。

④环境评估与监测服务:属于《国民经济行业分类》中的"74 专业技术服务业"。按照 EGSS 统计框架对产品属性的划分,"排放监测、评估"属于"专项环保服务"。其中,其他专业咨询包括环境保护与治理咨询服务,无法对应到特定的环境领域,属于"CEPA 9 其他环保相关活动";环境保护监测中的"环境评估服务"和"其他环境监测服务"也属于"CEPA 9 其他环保相关活动","空气污染监测服务"属于"CEPA 1 大气环境保护与应对气候变化","水污染监测服务"属于"CEPA 2 废水治理","废料监测服务"属于"CEPA 3 废物治理","噪声污染监测服务"属于"CEPA 5 噪声和振动削减";生态监测中的"自然生态监测服务"属于"CEPA 6 生物多样性与景观保护"。

⑤环境保护及污染治理服务:按照 EGSS 统计框架对产品属性的划分,该类服务既有属于"专项环保服务"的,也有属于"关联服务"的,鉴于在 EGSS 数据收集标准表格中并未对两类服务进行区分,建议将该类产品划分为"专项环保服务和关联服务"。

a. 污水处理及其再生利用：包括污水的收集、污水的处理及深度净化。属于《国民经济行业分类》中的"46 水的生产和供应业"。按照环境领域，属于 EGSS 统计框架中的"CEPA 2 废水治理"。

b. 海洋服务：包括海洋污染治理服务，海洋环境评估、预报服务，海洋环境咨询服务。属于《国民经济行业分类》中的"74 专业技术服务业"。由于 EGSS 统计框架中并没有设置海洋环境相关的环境领域分类，因此该类型服务可以划分为"CEPA 9 其他环保相关活动"。

c. 其他自然保护：属于《国民经济行业分类》中的"77 生态保护和环境治理业"。包括森林固碳服务和生态保护区等管理服务，前者属于"CEPA 1 大气环境保护与应对气候变化"中的应对气候变化部分，后者属于"CEPA 6 生物多样性与景观保护"。

d. 水污染治理：包括水污染治理服务，属于《国民经济行业分类》中的"77 生态保护和环境治理业"。按环境领域划分，属于"CEPA 2 废水治理"。

e. 大气污染治理：包括大气污染治理服务，属于《国民经济行业分类》中的"77 生态保护和环境治理业"。按环境领域划分，属于"CEPA 1 大气环境保护与应对气候变化"。

f. 固体废物治理：包括化工产品废弃物治理服务、矿物油废弃物治理服务、非金属矿物质废弃物治理废物、工业焚烧残渣物治理服务、建筑施工废弃物治理服务。属于《国民经济行业分类》中的"77 生态保护和环境治理业"。按环境领域划分，属于"CEPA 3 废物治理"。

g. 危险废物治理：包括危险废弃物治理服务。属于《国民经济行业分类》中的"77 生态保护和环境治理业"。按环境领域划分，属于"CEPA 3 废物治理"。

h. 放射性废物治理：包括辐射污染治理服务，辐射污染防护服务，放射性废物收集、贮存、利用、处理等服务。属于《国民经济行业分类》中的"77 生态保护和环境治理业"。按环境领域划分，属于"CEPA 7 辐射防护"。

i. 其他污染治理：属于《国民经济行业分类》中的"77 生态保护和环境治理业"。包括噪声与振动控制服务、生态恢复及生态保护服务、土壤污染治理与修复服务、环境应急治理服务、其他未列明污染治理服务，分别属于"CEPA 5 噪声和振动削减""CEPA 6 生物多样性与景观保护""CEPA 4 土壤、地下水、地表水保护与修复""CEPA 9 其他环保相关活动"。

j. 市政设施管理：属于《国民经济行业分类》中的"78 公共设施管理业"。包括城市污水排放管理服务和城市雨水排放管理服务，前者属于"CEPA 2 废水治理"，后者由于并不是以节约水资源为目的，因此不属于 EGSS 统计框架。

（3）资源循环利用产业

①矿产资源综合利用包括煤炭、石油、天然气等矿产资源的综合利用，属于《国民经济行业分类》的"06 煤炭开采和洗选业""07 石油和天然气开采业""08 黑色金属矿采选业"等。属于对矿产资源的更加有效的利用，按照 EGSS 统计框架的产品属性划分，属于"综合技术"，按环境领域划分，属于"CReMA 14 矿产资源管理"。

②工业固体废物、废气、废液回收和资源化利用包含多种行业中的工业"三废"的回收和资源化利用，目前的分类目录并没有给出具体的产品说明。我们的理解是，如果该类产品属于将已经排放出来的工业"三废"进行资源化利用，减少了真正排到环境中的"三废"，那么该类产品均属于 EGSS 统计框架中的"综合技术"，但是分属于不同的行业和环境领域。

③城乡生活垃圾综合利用包括环境卫生管理，属于《国民经济行业分类》中的"78 公共设施管理业"。按环境领域划分，属于 EGSS 统计框架中的"CEPA 3 废物治理"。由于减少了排放到环境中的固体废物，因此，按照产品属性，属于"综合技术"。

④农林废弃物资源化利用包括农业、林业、畜牧业、渔业等领域废物的综合利用，属于《国民经济行业分类》中的"05 农、林、牧、渔服务业"。按环境领域划分，属于 EGSS 统计框架中的"CEPA 3 废物治理"。由于减少了排放到环境中的固体废物，因此，按照产品属性，属于"综合技术"。

⑤水资源循环利用与节水包括其他水的处理、利用与分配，水资源管理，天然水收集与分配，其他水利管理业。分别属于《国民经济行业分类》中的"46 水的生产和供应业"和"76 水利管理业"。按照产品属性，属于 EGSS 统计框架中的"专项环保服务"；按照环境领域，属于 EGSS 统计框架中的"CReMA 10 水体管理"。

（4）节能环保综合管理服务　包括节能环保科学研究、节能环保工程勘察设计、节能环保工程施工、节能环保技术推广服务、节能环保质量评估五类。由于五类服务均属于以环境保护或者节约能源为目的的活动，因此属于 EGSS 统计框架中的"专项环保服务"。

①节能环保科学研究包括自然科学研究和试验发展、工程和技术研究和试验发展，属于《国民经济行业分类》中的"73 研究和试验发展"。属于"CEPA 8 环保类研发活动"和"CReMA 15 自然资源管理类研发活动"。

②节能环保工程勘察设计属于《国民经济行业分类》中的"74 专业技术服务业"。其中的高效节能电力工程勘察设计服务、高效节能热力工程勘察设计服务、高效节能照明工程勘察设计服务属于"CReMA 13B 节能及其管理"；核设施退役及放射性"三废"处理处

置工程勘察设计服务属于"CEPA 7 辐射防护";环境保护工程专项勘察设计服务属于"CEPA 9 其他环保相关活动";资源循环利用工程勘察设计服务属于"CReMA 16 其他自然资源管理相关活动";水利工程勘察设计服务不属于 EGSS 统计范围,因为其并不是以环境保护和资源管理为主要目的的活动;节水工程勘察设计服务属于"CReMA 10 水体管理";海洋利用工程勘察设计服务和森林利用工程勘察设计服务,由于并不能确定是否以"环境"为目的,因此无法判断是否属于 EGSS 统计范围。

③节能环保工程施工属于《国民经济行业分类》中的"47 房屋建筑业"和"48 土木工程建筑业"。其中,节能环保用房屋工程属于 EGSS 统计框架中的"CReMA 13B 节能及其管理";"节能环保火力发电厂工程、节能环保窑炉工程"等工矿工程建筑类的活动,并不能判断是属于环境保护类还是资源管理类;水源及供水设施工程建筑、海洋工程建筑、管道工程建筑以及其他土木工程建筑等,由于无法判断是否以"环境"为主要目的,因此无法判断是否属于 EGSS 统计范围。

④节能环保技术推广服务属于《国民经济行业分类》中的"75 科技推广和应用服务业"。其中,农业废弃物资源化利用技术推广服务属于"CEPA 3 废物治理";节能技术推广服务属于"CReMA 13B 节能及其管理";资源循环利用技术推广服务和先进环保技术推广服务分别属于"CReMA 16 其他自然资源管理相关活动"和"CEPA 9 其他环保相关活动"。

⑤节能环保质量评估属于《国民经济行业分类》中的"74 专业技术服务业"。由于并不能对应到具体的环境领域,因此属于"CEPA 9 其他环保相关活动"和"CReMA 16 其他自然资源管理相关活动"。

6.1.1.2　新能源产业

新能源产业包括核电产业、风能产业、太阳能产业、生物质能及其他新能源产业、智能电网产业以及新能源产业工程及研究技术服务六类。在 EGSS 统计框架中,与新能源相关的活动属于"CReMA 13A 可再生能源生产"这一环境领域。在上述六类产业中,除了智能电网产业,其他五类均属于 EGSS 统计框架中的"CReMA 13 可再生能源生产"领域。由于缺乏详细描述,并不能确定《战略性新兴产业产品分类(试行)》中的智能电网产业是否属于 EGSS 统计框架。

根据 EGSS 统计框架,核电、风能、太阳能、生物质能及其他新能源产业中,可再生能源设备的安装和运营维护属于关联服务;零部件的加工属于关联产品;设备的生产,如风机、太阳能板等,属于综合技术。新能源产业工程及研究技术服务属于专项环保服务。

6.1.1.3　新能源汽车产业

新能源汽车产业包括新能源汽车整车制造，新能源汽车装置、配件制造，新能源汽车相关设施及服务三类。由于新能源汽车比普通汽车更加节能环保，因此属于 EGSS 统计框架中的"改良品"。而与新能源汽车生产相关的其他活动，如零部件的制造、相关充电装置的安装维护等是否属于 EGSS 统计范围，仍有待进一步研究。

6.1.2　统计对象的比较分析

如表 6-1 所示，《战略性新兴产业产品分类（试行）》中涵盖了 EGSS 统计框架中"环境保护类"活动的所有领域。但是，产品的属性以"专项环保服务与单用途环境服务""单用途环境产品""末端处理技术"为主，基本未对"改良品"和"综合技术"进行分类。在环境保护领域，未被纳入《战略性新兴产业产品分类（试行）》的"改良品"和"综合技术"主要包括以下几类。

如表 6-2 所示，在 EGSS 统计框架中的"资源管理类"活动中，有四类未被列入《战略性新兴产业产品分类（试行）》，分别是：CReMA 11 森林资源管理中的"CReMA 11A 森林区域管理"和"CReMA 11B 森林资源的最小化索取"、CReMA 12 野生动植物群管理以及 CReMA 13C 减少化石能源使用。产品属性以"专项环保服务与单用途环境服务"和"改良品"为主，对其他属性的产品并未有详细分类。另外，在"CReMA 13A 可再生能源生产"这一类型中，仍有待进一步研究。

表 6-1　战略性新兴产业产品分类与 EGSS 统计框架对比

	CEPA 1 大气环境保护与应对气候变化	CEPA 2 废水治理	CEPA 3 废物治理	CEPA 4 土壤、地下水、地表水保护与修复	CEPA 5 噪声和振动削减	CEPA 6 生物多样性与景观保护	CEPA 7 辐射防护	CEPA 8 研发活动	CEPA 9 其他环保相关活动
专项环保服务与单用途环境服务	✓	✓	✓	✓	✓	✓	✓	✓	✓
改良品	×	×	×	×	×	—	—	—	—
单用途环境产品	✓	✓	✓	×	✓	✓	✓	—	✓
末端处理技术	✓	✓	✓	✓	✓	—	✓	—	★①
综合技术	×	×	×	×	×	—	—	—	—

注："✓"表示可从《战略性新兴产业产品分类》中找到的 EGSS 统计框架中所应该包含的产品；"×"表示无法从《战略性新兴产业产品分类》中找到的 EGSS 统计框架中所应该包含的产品；"—"表示《EGSS 手册》中无法举例，即不需要统计的部分；"★"表示《EGSS 手册》中未列出，但是《战略性新兴产业产品分类》中所包含的部分。
①其他环境污染治理专用设备。

表 6-2　战略性新兴产业产品分类与 EGSS 统计框架对比

项目	CReMA 10 水体管理	CReMA 11A 森林区域管理	CReMA 11B 森林资源最小化索取	CReMA 12 野生动植物群管理	CReMA 13A 可再生能源生产	CReMA 13B 节能及其管理	CReMA 13C 减少化石能源使用	CReMA 14 矿产资源管理	CReMA 15 研发活动	CReMA 16 其他自然资源管理相关活动
专项环保服务与单用途环境服务	✓	×	×	×	?	✓	—	—	✓	✓
改良品	✓	—	×	—	✓	✓	×	×	—	—
单用途环境产品	✓	×	—	—	?		×	—		×
末端处理技术	×	×	—	×	?	×				
综合技术	×	×	×		?			✓		

注:"✓"表示可从《战略性新兴产业产品分类》中找到的 EGSS 统计框架中所应该包含的产品;"×"表示无法从《战略性新兴产业产品分类》中找到的 EGSS 统计框架中所应该包含的产品;"—"表示《EGSS 手册》中无法举例,即不需要统计的部分;"★"表示《EGSS 手册》中未列出,但是《战略性新兴产业产品分类》中所包含的部分。

6.2　从战略性新兴产业统计引入 EGSS 的思路

中国的战略性新兴产业统计目前还存在较大的不确定性,统计分类标准有待完善,统计制度仍处在研究制定阶段。将战略性新兴产业统计作为引入 EGSS 统计框架的基础,可以从以下几方面着手。

首先,完善和细化战略性新兴产业产品目录中节能环保产业部分。虽然《战略性新兴产业分类(2012)(试行)》对节能环保产业已经做出了较为具体的分类,但是仍存在不够细化、不够具体、覆盖面不全等问题,尤其是环境保护类活动中的改良品和综合技术,以及资源管理类活动中的森林资源管理、野生动植物群管理等活动类型,都没有纳入战略性新兴产业分类,仍有待进一步补充和完善。

其次,将 EGSS 统计分类标准融入战略性新兴产业统计报表。由于 EGSS 统计分类与我国现有的统计分类标准差异较大,目前公开的统计报表中的指标难以直接收集 EGSS 数据。收集完整和细化的 EGSS 数据的有效途径之一,即在设计统计报表的初期就加入与 EGSS 相关的调查项目,区分调查单位所属的不同维度,以及生产不同产品所产生的营业额、增加值、就业、出口额等。若企业生产多种产品无法区分单个产品的各项指标,则可结合自身情况估算。

再次，按照 EGSS 统计维度处理整合数据。按照 EGSS 统计框架中不同环境领域、产品类型、行业部门等填写 EGSS 统计框架的标准表格，处理、整合相关数据。

6.3 小结

本章以战略性新兴产业的发展概况为基础，从产品分类的角度对战略性新兴产业与 EGSS 统计框架进行比较分析，并提出未来以战略性新兴产业统计为切入点引入 EGSS 的完善思路。

（1）战略性新兴产业中的节能环保产业、新能源产业以及新能源汽车产业可以纳入 EGSS 统计框架。节能环保产业是战略性新兴产业的重要组成部分，目前相关统计在宏观层面受到重视，但是仍处于起步阶段。《战略性新兴产业分类（2012）（试行）》中的节能环保产业、新能源产业和新能源汽车产业基本可以和 EGSS 统计框架的分类标准较好衔接，并且与《国民经济行业分类》可以较好对应，可以为填写 EGSS 标准数据收集表格打下较好基础。

（2）没有纳入 EGSS 统计框架产业的数据收集工作，依赖于战略性新兴产业产品分类目录的进一步改进。EGSS 统计框架中，环境保护类活动中的改良品和综合技术，以及资源管理类活动中的森林资源管理、野生动植物群管理等活动类型，都没有纳入战略性新兴产业分类。目前战略性新兴产业相关统计制度仍在研究过程中，如果能在战略性新兴产业统计制度设计的前期即考虑到和 EGSS 统计框架的结合，扩大和细化产品分类目录，有可能为收集 EGSS 相关数据提供较好基础。

（3）将战略性新兴产业统计作为引入 EGSS 统计框架的基础仍需相关完善措施。中国的战略性新兴产业统计目前还存在较大的不确定性，统计分类标准有待完善，统计制度仍处在研究制定阶段。将战略性新兴产业统计作为引入 EGSS 统计框架的基础，可以从以下几方面着手。首先，完善和细化战略性新兴产业产品目录中节能环保产业部分；其次，将 EGSS 统计分类标准融入战略性新兴产业统计报表；最后，按照 EGSS 统计维度处理整合数据。

第7章 重庆市试点研究案例

重庆是中国的六大老工业基地之一，环保产业潜在市场巨大，自从成为直辖市以来，重庆市在绿色 GDP 的测算中做出了巨大贡献，为后续继续开展环保产业的相关研究奠定了良好的基础。因此，本章以重庆市为试点案例，结合重庆市第三次经济普查数据、战略性新兴产业统计情况，分析在重庆市开展 EGSS 统计工作的困难和挑战。

7.1 试点项目概况

7.1.1 试点项目背景

由于在国家层面统计基表暂时不可得，市级层面数据收集的可操作性相对较高，本研究拟选取重庆市作为典型试点城市，基于第三次经济普查的基表开展 EGSS 数据收集与分析工作。至于在全国层面开展 EGSS 数据的收集，则需要后期进一步加强与国家统计局的合作才能实现。

（1）重庆市基本情况介绍 重庆位于长江上游、嘉陵江下游，是中国中西部地区唯一的直辖市，面积 8.24 万平方公里，人口 3 275.61 万，辖 38 个区县。重庆属中亚热带湿润季风气候，雨量充沛，自然资源非常丰富，山川巍峨，钟灵毓秀，自然环境优越，文化遗产历史悠久。

近年来，面对错综复杂的国内外形势，重庆市委、市政府紧紧围绕"科学发展、富民兴渝"总任务，大力实施五大功能区域发展战略，全面深化改革开放，着力稳增长、调结构、促改革、惠民生、防风险，在新常态中奋发有为，在转型发展中提质增效，全市经济呈现出稳中向好的良好态势。

经核算，2014 年全市实现地区生产总值 14 262.60 亿元，同比增长 10.9%，较全国高出 3.5 个百分点。分产业看，第一产业实现增加值 1 061.03 亿元，增长 4.4%；第二产业实现增加值 6 529.06 亿元，增长 12.7%，其中工业实现增加值 5 175.80 亿元，增长 12.3%；第三产业实现增加值 6 672.51 亿元，增长 10.0%。

作为直辖市，重庆市环保产业发展迅速，门类齐全，在技术、市场和发展前景方面都处于全国前列。重庆市政府高度重视环保产业，在积极推动全国环保产业发展中扮演着重要角色，特别是在绿色 GDP 核算研究中发挥了至关重要的作用，先后与挪威、加拿大等国家达成绿色核算项目的合作，成果显著。此外，重庆市环保产业协会等组织机构发展较为完善，各单位配合协作力度大，为开展 EGSS 数据收集工作提供了坚实保障，因此，选其作为 EGSS 试点地区较有代表性。

（2）重庆市第三次经济普查情况介绍　重庆市经济普查调查结果显示，2013 年年末，重庆市从事第二产业和第三产业活动的法人单位共有 25.53 万个，产业活动单位 30.61 万个，个体经营户 142.26 万个。法人单位从业人员 874.77 万人，个体经营户从业人员 467.06 万人。

7.1.2　试点项目目标

重点研究重庆市环保产业统计体系的现状及存在的问题，通过研究 EGSS 统计框架在重庆市的应用，总结分析 EGSS 统计体系在地方层面上环保产业统计实践中运用的优势与不足，并基于该试点研究，提出在地方层面实施 EGSS 统计的建议，为将来在中国建立地方层面的 EGSS 体系提供技术支持。

主要研究内容：①重庆市环保产业发展概况分析；②重庆市常规统计现状以及与环保产业调查相关的统计报表数据分析；③探究通过原始报表收集 EGSS 相关数据的可行性，重点针对 2013 年度该项目研究中未包含的"资源管理类"的货物与服务开展广泛、深入调研，并针对第一期项目中遇到的关键技术难题，开展相关研究；④探究将 EGSS 统计框架与战略性新兴产业统计相结合的可行性；⑤基于重庆市试点经验，提出我国推进 EGSS 统计框架的政策建议。

7.2　重庆市环保产业统计开展情况

7.2.1　重庆市环保产业发展概况

环保产业被重庆市确定为大力发展的"高新技术三大先导产业"和"十大战略性新兴

产业"之一。"十二五"期间，在重庆市委、市政府的领导下，重庆市将改善生态环境作为落实科学发展观的重要内容，统筹生态建设与环境保护，以污染物总量减排和"蓝天、碧水、绿地、宁静"环保四大行动为抓手，以保障三峡库区生态安全和改善城乡环境质量为重点，着力解决影响可持续发展和危害人民群众健康的突出生态环境问题。因此重庆市在经济社会快速发展的同时，做到了主要污染物排放得到有效控制、生态建设迅猛推进、环境质量大为改观的生态文明建设成就。

随着重庆市建设的飞速发展，重庆环保行业已经涉及了大众生活的方方面面，从污水处理到节能减排，再到土壤修复、垃圾处理都是环境保护的范围。发展环保产业是顺应世界经济绿色发展的内在要求，是重庆市深入实施五大功能区域发展战略的重要支撑，是优化产业结构、培育新增长点的重要举措，也是加快推进全市生态文明建设的重要保障。

2011 年，重庆市环境保护相关产业从业单位 763 个，从业人员 12.16 万人，年营业收入 1 024.89 亿元，年营业利润 78.52 亿元，年出口合同额 26.67 亿美元。其中，企业 672个，占 88.1%；事业单位 80 个，占 10.5%。在企业单位中，内资企业 651 个，占 96.9%；港澳台投资企业 4 个，占 0.6%；外商投资企业 17 个，占 2.5%；上市公司 13 个，占 1.7%；国家级高新技术企业 28 个，占 3.7%。如表 7-1 所示，在环保产业分类中，环境保护服务类从业单位数最多为 414 个，其次是资源循环利用产品生产，而就业人数最多的类别为资源循环利用产品生产。特别要提及的是环境友好产品生产类营业收入最多，营业利润最高，在出口合同额中占绝大部分，但其从业单位数和就业人员数均不高。

表 7-1　2011 年重庆市环境保护相关产业概况

类别	从业单位数/个	从业人员/万人	营业收入/亿元	营业利润/亿元	出口合同额/亿美元
总计	763	12.16	1 024.89	78.52	26.67
环境保护产品生产	65	0.49	22.99	2.64	0.08
环境保护服务	414	2.01	94.23	7.81	0.36
资源循环利用产品生产	237	2.44	143.12	10.3	0.04
环境友好产品生产	73	6.8	764.55	57.77	26.19

注：因部分单位同时从事多种环境保护相关产业活动，表中从业单位数、从业人员的总计与分项加总不等，下同。

7.2.1.1　环境保护产品生产

环境保护产品包括用于环境污染防治、生态环境保护及资源循环利用的生产设备、材料和药剂、环境监测仪器仪表等。

（1）总体情况   2011 年，重庆市从事环境保护产品生产的单位 65 个，从业人员数 5 739 人，当年实现销售收入 21.49 亿元，销售利润 2.87 亿元，出口合同额 769.7 万美元。

列入调查范围的环境保护产品共计 24 个类别、603 项产品，产品型号 48 856 个。其中，采用国家标准、行业标准、企业标准和其他标准的产品分别为 34 项、25 项、19 项和 4 项，产品采标率为 81.2%；有 126 个型号的产品通过环境保护产品认证。环境保护产品标准采用情况如图 7-1 所示。

重庆市环境保护产品以水污染治理产品、大气污染治理产品和固体废物处理处置产品为主，三类产品的销售收入之和占环境保护产品销售收入总额的 74.4%。各类环境保护产品销售收入占比见图 7-2。

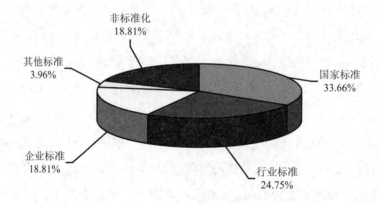

图 7-1   环境保护产品标准采用情况

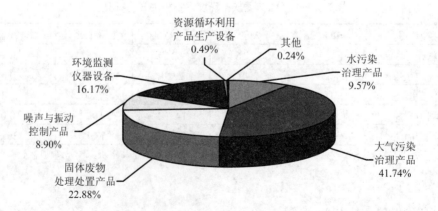

图 7-2   各类环境保护产品销售收入占比

（2）生产经营情况　2011 年，重庆市水污染治理产品共 3 类，生产单位 31 个，销售收入 2.06 亿元，销售利润 0.27 亿元；大气污染治理产品共 2 类，生产单位 22 个，销售收入 8.97 亿元，销售利润 0.91 亿元；固体废物处理处置产品共 2 类，生产单位 4 个，销售收入 4.9 亿元，销售利润 0.9 亿元；噪声与振动控制产品生产共 2 类，生产单位 5 个，销售收入 1.9 亿元，销售利润 0.28 亿元；环境监测仪器设备共 7 类，生产单位 5 个，销售收入 3.39 亿元，销售利润 0.49 亿元；资源循环利用产品生产设备共 4 类，生产单位 3 个，销售收入 1 060 万元，销售利润 65.08 万元。2011 年重庆市环境保护产品生产经营情况如表 7-2 所示。

表 7-2　环境保护产品生产经营情况

类别	从业单位数/个	销售收入/亿元	销售利润/亿元	出口合同额/万美元
总计	70	21.33	2.86	769.7
水污染治理产品	31	2.06	0.27	72
大气污染治理产品	22	8.97	0.91	531
固体废物处理处置产品	4	4.9	0.9	7.3
噪声与振动控制产品	5	1.9	0.28	0
环境监测仪器设备	5	3.39	0.49	102.4
资源循环利用产品生产设备	3	0.11	0.007	57

（3）分布情况　环境保护产品生产主要分布在 96 个国民经济行业大类中的 15 个。其中，环境保护产品年销售收入超过 7 亿元的是专用设备制造业；超过 2 亿元的有仪器仪表制造业、化学原料和化学制品制造业、汽车制造业；超过 1 亿元的有生态保护和环境治理业、非金属矿物制品业。环境保护产品销售收入主要行业分布如图 7-3 所示。

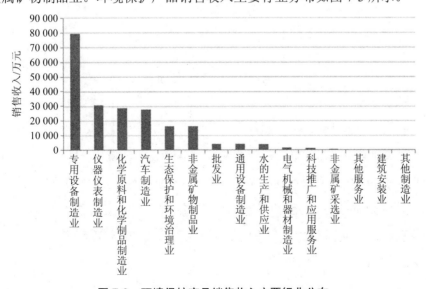

图 7-3　环境保护产品销售收入主要行业分布

7.2.1.2　环境保护服务

环境保护服务包括污染治理及环境保护设施运行服务、环境工程建设服务、环境咨询服务、生态修复与生态保护服务等。

（1）总体情况　2011 年，重庆市环境保护服务从业单位 414 个，从业人员 2.3 万人，营业收入 94.2 亿元，对外服务合同额 3 600.6 万美元。

重庆市环境保护服务以污染治理及环境保护设施运行服务和环境工程建设服务为主，两类服务收入之和占环境保护服务收入总额的 70.9%。各类环境保护服务营业收入占比见图 7-4。

与 2004 年相比，重庆市环境保护服务年营业收入增长了 355.51%，年平均增长速度为 50.79%。

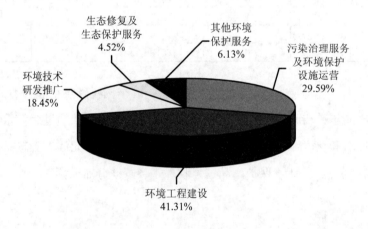

图 7-4　各类环境保护服务营业收入占比

（2）环境保护服务经营情况　2011 年，重庆市污染治理及环境保护设施运行服务从业单位 183 个，营业收入 27.88 亿元，营业利润 1.74 亿元；环境工程建设服务从业单位 183 个，营业收入 38.93 亿元，营业利润 3.65 亿元；环境咨询服务从业单位 25 个，营业收入 17.38 亿元，营业利润 1.13 亿元；生态修复与生态保护服务从业单位 36 个，营业收入 4.26 亿元，营业利润 0.24 亿元。2011 年重庆市环境保护服务经营情况如表 7-3 所示。

表 7-3　环境保护服务经营情况

类别	从业单位数/个	营业收入/亿元	营业利润/亿元	对外服务合同额/万美元
总计	414	94.23	7.81	3 600.6
污染治理及环境保护设施运行服务	183	27.88	1.74	0
环境工程建设服务	183	38.93	3.65	3 575
环境咨询服务	25	17.38	1.13	0
生态修复与生态保护服务	36	4.26	0.24	0

（3）分布情况　环境保护服务主要分布在 27 个国民经济行业大类中。其中，环境保护服务年收入超过 30 亿元的是生态保护和环境治理业；超过 10 亿元的有水的生产和供应业、专业技术服务业；超过 5 亿元的有房屋建筑业、建筑安装业、建筑装饰和其他建筑业。环境保护服务营业收入主要行业分布见图 7-5。

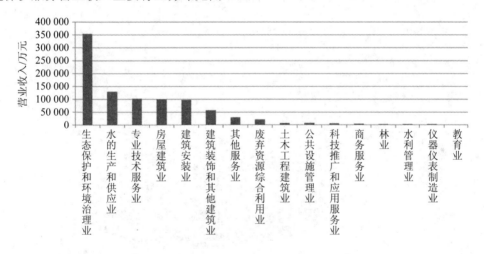

图 7-5　环境保护服务营业收入主要行业分布

7.2.1.3　资源循环利用产品生产

资源循环利用产品包括经国家、省级资源综合利用认定的资源循环利用产品等。

（1）总体情况　2011 年，重庆市从事资源循环利用产品生产的单位 237 个，从业人员 2.49 万人，当年实现销售收入 142.46 亿元，销售利润 10.35 亿元，出口合同额 352 万美元。

2011 年，各类资源循环利用产品销售收入占比见图 7-6，各类产业"三废"综合利用产品销售收入占比见图 7-7。

　　与 2004 年相比，重庆市资源循环利用产品年销售收入增长了 272.6%，年平均增长速度为 25.4%。

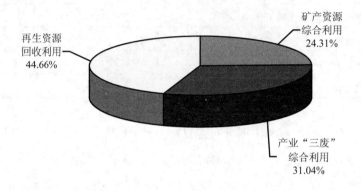

图 7-6　各类资源循环利用产品销售收入占比

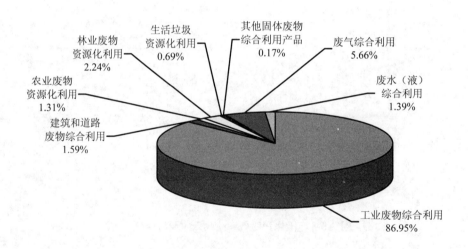

图 7-7　各类产业"三废"综合利用产品销售收入占比

　　（2）生产经营情况　2011 年，重庆市矿产资源综合利用产品生产单位 84 个，销售收入 34.63 亿元，销售利润 3.14 亿元；产业"三废"综合利用产品生产单位 115 个，销售收入 44.22 亿元，销售利润 3.24 亿元；再生资源回收利用产品生产单位 40 个，销售收入 63.62 亿元，销售利润 3.97 亿元。2011 年重庆市资源循环利用产品生产经营情况见表 7-4。

表 7-4　资源循环利用产品生产经营情况

类别	从业单位数/个	销售收入/亿元	销售利润/亿元	出口合同额/万美元
总计	237	142.47	10.35	352
矿产资源综合利用产品	84	34.63	3.14	40.53
产业"三废"综合利用产品	115	44.22	3.24	0
再生资源回收利用产品	40	63.62	3.97	311.47

（3）分布情况　资源循环利用产品生产主要分布在 20 个国民经济行业大类中。其中，资源循环利用产品销售收入超过 20 亿元的有非金属矿物制品业、造纸和纸制品业；超过 10 亿元的有电力、热力生产和供应业，有色金属冶炼和压延加工业，黑色金属冶炼和压延加工业，化学原料和化学制品制造业；超过 1 亿元的有废弃资源综合利用业，其他制造业，橡胶和塑料制造品。资源循环利用产品销售收入主要行业分布见图 7-8。

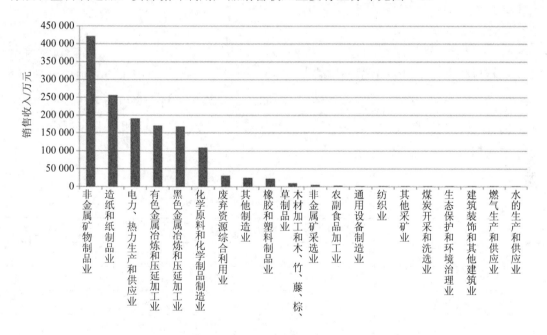

图 7-8　资源循环利用产品销售收入主要行业分布

7.2.1.4　环境友好产品生产

环境友好产品包括经过认证，具有有效认证证书的环境标志产品、节能水产品及有机产品等。

（1）总体情况   2011 年，重庆市从事环境友好产品生产的单位 73 个，从业人员 6.8 万人，当年实现销售收入 636.03 亿元，销售利润 57.16 亿元，出口合同额 26.20 亿美元。重庆市环境友好产品生产以环境标志产品为主，该类产品销售收入之和占环境友好产品销售收入总额的 96.26%。各类环境友好产品销售收入占比见图 7-9。

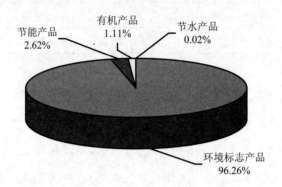

图 7-9   各类环境友好产品销售收入占比

（2）生产经营情况   2011 年，重庆市环境标志产品生产单位 25 个，销售收入 612.22 亿元，销售利润 55.24 亿元；节能产品生产单位 8 个，销售收入 16.64 亿元，销售利润 1.08 亿元；节水产品生产单位 2 个，销售收入 1 183 万元，销售利润 218.76 万元；有机产品生产单位 38 个，销售收入 7.04 亿元，销售利润 0.82 亿元。2011 年重庆市环境友好产品生产经营情况见表 7-5。

表 7-5   环境友好产品生产经营情况

类别	从业单位数/个	销售收入/亿元	销售利润/亿元	出口合同额/亿美元
总计	73	636.02	57.16	26.20
环境标志产品	25	612.22	55.24	26.19
节能产品	8	16.64	1.08	0
节水产品	2	0.12	0.02	0
有机产品	38	7.04	0.82	0.01

（3）分布情况   环境友好产品生产主要分布在 28 个国民经济行业大类中。其中，环境友好产品销售收入超过 300 亿元的是汽车制造业；超过 100 亿元的是计算机、通信和其他电子设备制造业；超过 10 亿元的有电气机械和器材制造业、金属制品业。环境友好产品销售收入主要行业分布见图 7-10。

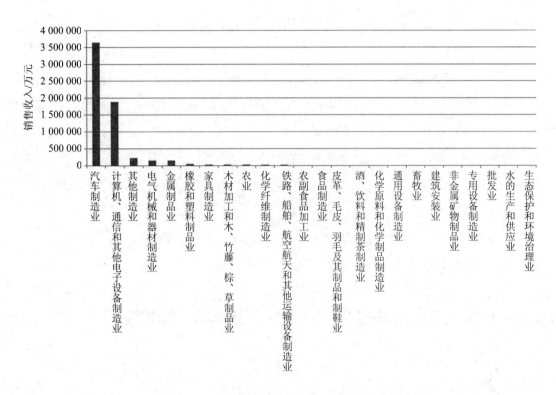

图 7-10　环境友好产品销售收入主要行业分布

7.2.2　重庆市绿色统计工作演变轨迹

自成为直辖市以来，重庆市统计局在环保产业特别是绿色 GDP 核算上锐意进取、开拓创新，取得了不俗成绩。近年来试点项目亮点纷呈，成果显著，主要包括：

一是 1999—2001 年的中国-挪威环境核算统计项目，重庆作为全国两个试点城市之一，开展了城市排放清单和健康成本的测算，在城市项目的排放源上，主要核算了两种最重要的污染物——SO_2 和 PM_{10}。在排放清单的基础上，运用剂量反应函数计算出空气污染对人体健康的损害成本，建立起经济增长预测、能源使用、排放与城市环境成本之间的联系，中挪项目奠定了重庆环境核算的基础。

二是 2001—2004 年资源环境核算试点工作，重庆是唯一的试点地区。该项目主要开展了工业企业环保支出调查、水资产和非资产性水资源价格研究与测算、污染物治理成本研究测算、环境降级成本测算以及水资源耗减成本测算等研究。

三是 2004—2006 年，重庆作为第一个确定的试点地区，参加了国家环保总局和国家统计局联合开展的绿色核算和环境污染经济损失调查试点工作，试点测算了重庆市各产业部门和各区县的环境污染实物量，测算了环境污染的虚拟治理成本、污染损失成本以及经环境污染调整的绿色 GDP。

四是 2006—2012 年在中加环境核算项目中，重庆被确定为两个试点地区之一，是唯一一个与国家同步编制所有账户的地区，完成了《主要污染物排放账户》《能源混合账户》和《矿产资源存量账户》的编制。加拿大国际发展署独立评估员罗宾·达西高度评价了重庆绿色核算研究的项目成果，认为重庆开展的环境核算项目研究成果远远超出中加两国政府签订的项目计划，实现了拨付法在中国的第一次尝试和创新。重庆作为唯一编制三个账户的地区，成果丰硕。

前后四次，十余年的绿色核算工作历程，为此次重庆建立基于 EGSS 的环保产业统计框架研究奠定了较好的技术基础。

7.3　从第三次经济普查基表核算 EGSS 数据的应用

7.3.1　基本思路

按照 EGSS 分类标准（图 7-11、图 7-12）和解释，完成 EGSS 与《国民经济行业分类》的对应关系，建立《环保产业分类目录》，梳理出《环保产业分类目录》（见附表 1），依托重庆市第三次经济普查数据，筛选确定调查单位名录，并提取用于分析的数据指标完成相关研究。

7.3.2　统计对象识别

本次调查的范围为重庆市 23 个市辖区、11 个县及 4 个自治县。结合重庆市的实际，根据附录 1 梳理出的《环保产业分类目录》共计 166 个行业小类，其中全部属于 EGSS 范围的有 36 个，部分属于的有 79 个，亟待研究确定的有 51 个。特别注意在 EGSS 分类过程中，有三个分类，或是难以确认对应的国标行业小类，或是与 EGSS 中其他分类对应的国标行业小类高度重合（如 CReMA 15 自然资源管理的研发活动难以确认对应国标行业小类，CReMA 14 矿物质管理、CReMA 16 其他自然资源管理活动分别与 CEPA 3 废物活动治理、CEPA 9 其他环境保护活动高度重合），故未列举它们各自对应的国标行业小类。根据此目录，从重庆市第三次经济普查库中初步筛选出 4.17 万家调查单位。

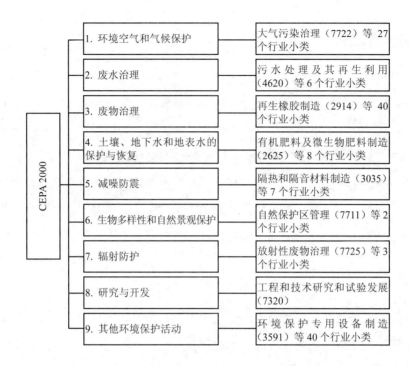

图 7-11 CEPA 2000 与行业分类对应情况

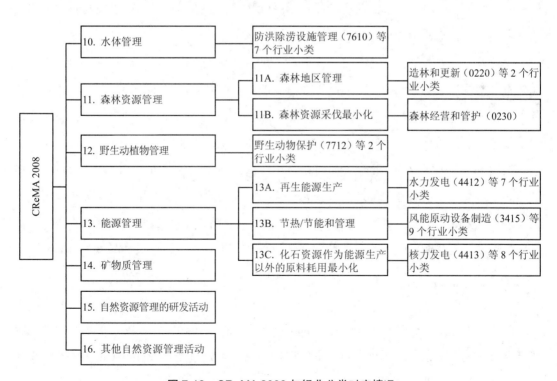

图 7-12 CReMA 2008 与行业分类对应情况

7.3.3　数据收集与整理

通过重庆市经济普查数据库，结合 5.2.2 小节中介绍的统计对象识别过程，将相关企业的信息导出到 Excel 表中，导出的信息包括行业名称、行业代码、组织机构代码、战略性新兴产业收入、从业人员、从业人员女性、营业收入、营业税金及附加、主营业务收入和主营业务税金及附加、出口交易值等。按行业代码筛选同行业企业的数据，再按照 EGSS 领域筛选同领域企业的数据，最后按照 EGSS 属性进行筛选，最终将同一属性所有企业的营业额、就业人数、出口额、增加值加和后填入 EGSS 标准表格。EGSS 统计框架关注的营业额、就业人数、出口额、增加值的具体核算方法如下。

7.3.3.1　营业额

营业额是一个企业在一定时期内所销售的产品，通过生产的总成本估算。EGSS 统计框架对营业额的定义为参考期内被调查单位开具发票的总额，相当于提供给第三方的产品或服务的市场销售情况。因此，其既不包括存货变动，也不包括产品和服务的输入，其中所有的收费、开具单位发票的关税和税项、单位开具发票的客户增值税以及与营业额相关的其他类似可扣除的相关税项除外。

营业额有主要和次要业务之分。主要业务的营业额是企业主要经营产生的业务收入，比如生产销售性企业的产成品，商品流通企业的库存商品。次要业务的营业额是企业与经营生产相关的其他业务收入，比如生产销售性企业销售多余原材料，与生产经营活动相关，但不是主要业务活动，企业的目的是生产产品而不是卖原材料。

根据 EGSS 中营业额的定义，同时结合第三次全国经济普查情况与实际，决定采用通过营业收入和营业税金及附加之和反映营业额、通过主营业务收入和主营业务税金及附加之和反映主要业务的营业额，具体数据提取于普查基础表（611 表）中的营业收入、营业税金及附加、主营业务收入和主营业务税金及附加，这具有现实意义和易操作性。

7.3.3.2　就业人数

EGSS 统计框架对就业人数的定义为在机构内工作或为机构工作的、每隔一定时间收取现金或其他形式报酬的所有人员。不仅包括环境性企业的就业人数，还包括涉及产生于各个生产单位的辅助活动相关的环境技术、产品和服务的行政管理部门的就业人数。

第三次经济普查对就业人数的定义为报告期末最后一日 24 时在本单位工作，并取得工资或其他形式劳动报酬的人员数。该指标为时点指标，不包括最后一日当天及以前已经与单位解除劳动合同关系的人员，是在岗职工、劳务派遣人员及其他从业人员期末人数之和。从业人员具体不包括离开本单位仍保留劳动关系的职工、利用课余时间打工的学生及在本单位实习的各类在校学生和本单位因劳务外包而使用的人员，本次研究就业人数提取于普查基础表（611 表）中的从业人员数。

7.3.3.3　出口额

EGSS 统计框架对出口额的定义为产品和服务从常住居民向非常住居民的交易。第三次经济普查对出口额的定义为单位在本年内向境外销售本单位生产的环保相关产品或承接境外的环境服务业所获得的外汇收入总和。

在数据整理过程中，由于普查基表中没有统计出口额指标，为使得数据来源具有一致可得性，本研究拟选用经济普查各行业财务状况表中的出口额来表征。具体的做法如下所述。

将上述已整理的 EGSS 企业名录组织机构代码为核准标准，在财务状况表中筛选出组织机构代码与之相匹配的企业，并提取出口额。

由于不同行业填写的财务状况表不同，且出口额对应的指标也不同，在此特别说明，规模以上工业企业出口额是以"规模以上工业企业成本费用和非成本费用财务状况表（B603-1、B603-2）"中出口交易值表征；建筑企业出口额是以"总承包和专业承包资质的建筑业法人单位财务状况表（C603）"中的建筑业企业在境外完成的营业收入来表征；批发零售业出口额是用"限额以上批发和零售业商品购进、销售和库存（E604-1）"表中的出口表征；重点服务业（F603）、房地产业（X603）、住宿餐饮业（S603）以及非联网直报企业未对出口额进行统计。

通过此方法可核算出部分属于 EGSS 范畴的企业的出口额，具有一定的研究价值，但是统计口径与营业额、就业人数、增加值不一致。主要是由于：一是选用的财务状况表仅涉及联网直报单位，并未涉及非联网直报单位；二是非联网直报单位并未对出口额进行统计；三是重点服务业、房地产业、住宿餐饮业等行业未对出口进行统计。因此，涵盖的范围并不完全，仅具有部分代表性。

7.3.3.4　增加值

EGSS 统计框架对增加值的定义为产品售价与用于生产产品和服务的支出总额之间的

差值,即总产出减去中间消耗的差值,增加值在定义上不包括任何类别的中间消耗,既不包含非环境产品的中间消耗也不包含环境技术、产品和服务的中间消耗。

增加值是指常住单位生产过程创造的新增价值和固定资产的转移价值,即可按生产法计算,也可按收入法计算。按生产法计算,它等于总产出减去中间投入;按收入法计算,它等于劳动者报酬、生产税净额、固定资产折旧和营业盈余之和。

经济普查是一次全面性调查,涵盖了较为全面的经济指标。因此通过收入法计算增加值是一种较为可靠准确的方法,但现阶段由于增加值数据未经国家核定,无法采用此方法,故本研究通过增加值率计算增加值。增加值率即是在一定时期内,增加值占总产出的比重,通过总产出与增加值率的乘积计算得到增加值。其具体的操作方法如下所述。

一是参考采用全市分行业增加值率,数据主要来源于第三次经济普查以及 2013 年年报,又因增加值率的测算目前仅计算到各行业的大类或者中类,行业小类的增加值率较难获取,经专家评估,最终以各大、中类行业的增加值率作为 EGSS 行业对应的增加值率。通过该方法得来的 EGSS 增加值率虽不准确,但实际差别并不大,因此用大、中行业的增加值率表征 EGSS 对应行业的增加值率具有一定的现实意义。计算方法为各大、中行业的增加值与对应大、中行业总产出之比,其中各大、中行业的增加值是通过收入法计算得来,总产出则是根据不同行业对总产出的不同定义获取,具体公式为:

$$增加值率_{EGSS} = \frac{各大、中行业增加值}{对应大、中行业总产出}$$

各大、中行业的增加值和总产出的计算数据均来自于各企业填写的财务状况表中,又因不同企业填写财务状况表不同,因此测算增加值和总产出选用的财务表和指标也不尽相同,具体来讲:

(1)工业资料取自成本费用和非成本费用调查单位填报(B603-1、B603-2 表),其中:总产出=总产值+本年应交增值税,增加值是与收入法的四项构成相关的所有指标加和。

(2)地区建筑业增加值由国家统计局投资司按照《中国第三次经济普查年度国内生产总值核算方法》中建筑业增加值核算方法统一核算,按行业大类划分。

(3)批发和零售业资料取自限额以上批发和零售业法人单位财务状况(E603 表),其中总产出=营业收入–主营业务成本+本年应交增值税+(关税+海关代征的增值税和消费税–出口退税),增加值为收入法的四项构成指标的加和。

(4)重点服务业资料取自重点服务业法人单位财务状况(F603 表),其中总产出=营业收入+应交增值税,增加值是与收入法的四项构成相关的所有指标加和。

（5）住宿和餐饮业资料取自限额以上住宿和餐饮业法人单位财务状况（S603 表），其中总产出=营业收入，增加值是与收入法的四项构成相关的所有指标的加和。

（6）房地产业资料取自房地产开发经营业法人单位财务状况（X603 表），其中，总产出=营业收入−土地转让收入−主营业务成本，增加值是与收入法的四项构成相关的所有指标加和。

二是计算总产出，本研究为使得数据具有一致可比性，主要利用营业收入等指标表征 EGSS 对应行业的总产出。

三是计算增加值，根据增加值与总产出之间的关系，即增加值率与总产出的乘积可得增加值。具体计算公式：

$$增加值_{EGSS} = 增加值率_{EGSS} \times 总产出_{EGSS}$$

7.3.4　结果分析

7.3.4.1　营业额

（1）EGSS 整体情况　重庆市环境货物和服务部门中的营业额为 1 280.02 亿元人民币，其中主要业务营业额为 1 243.20 亿元。如图 7-13 所示，88.4%是环境保护类活动（CEPA 2000），11.6%是资源管理类活动（CReMA 2008）；由表 7-6 可以看出，按 CEPA 2000 分类，主要业务占营业额比重为 96.9%，按 CReMA 2008 分类，主要业务占营业额比重为 99.0%。

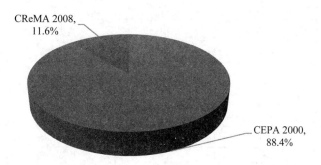

图 7-13　环境保护类（CEPA）和资源管理类（CReMA）营业额对比

表 7-6 CEPA 与 CReMA 主要营业额对比

类别	营业额/亿元	营业额占比/%	主要业务营业额/亿元	主要业务占营业额比重/%
CEPA 2000	1 131.21	88.4	1 095.81	96.9
CReMA 2008	148.81	11.6	147.39	99.0
合计	1 280.02	—	1 243.20	—

按环境领域划分，营业额比重最大的三个领域是 CEPA 1 大气环境保护与应对气候变化、CEPA 3 废物治理和 CReMA 13a 再生能源生产（具体如表 7-7 所示），分别达到 60.6%、18.0%以及 10.2%。由此可以看出，CEPA 1 在重庆市 EGSS 中占绝对主导地位。其中，大气环境保护与应对气候变化类型中所占比重最大的行业是汽车整车制造行业和改装汽车制造业，CEPA 3 废物治理所占比重最大的行业是再生橡胶制造、金属废料和碎屑加工处理以及再生物资回收与批发，而 CReMA 13a 再生能源生产中所占比重最大的行业是水力发电。

表 7-7 不同环境领域的营业额对比

EGSS 类型	营业额/亿元	营业额占比/%	主要业务营业额/亿元	主要业务营业额占比/%
CEPA1	776.15	60.6	745.71	60.0
CEPA2	10.39	0.8	10.35	0.8
CEPA3	230.32	18.0	227.42	18.3
CEPA4	50.64	4.0	50.38	4.1
CEPA5	29.92	2.3	28.89	2.3
CEPA6	2.04	0.2	2.04	0.2
CEPA8	1.29	0.1	1.17	0.1
CEPA9	30.46	2.4	29.87	2.4
CReMA10	6.17	0.5	5.97	0.5
CReMA11a	2.43	0.2	2.40	0.2
CReMA12	0.03	0.0	0.03	0.0
CReMA13a	130.90	10.2	129.85	10.4
CReMA13b	8.88	0.7	8.73	0.7
CReMA13c	0.40	0.0	0.40	0.0

从不同产品类型属性上看，如图 7-14 所示，重庆市环境货物和服务部门中的营业额占比最高的是单用途环保产品（CG），为 65.0%，其次是专项环保服务（SS）、改良品（AG），

占比分别为 15.4%、12.5%，其余几种产品类型占比均较低。单用途环保产品营业额比重较高，主要来自于汽车公司和发电公司。

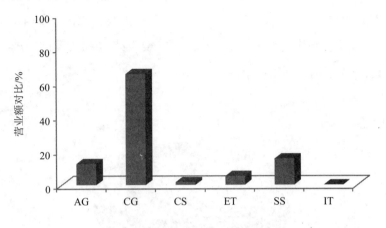

图 7-14　不同产品类型的营业额对比

从不同属性、不同环境领域上看，如图 7-15 所示，重庆市专项环保服务（SS）和单用途环保产品（CG）在各类别的营业额占比较高，在 CEPA6、CEPA8、CReMA10、CReMA12 中，专项环保服务（SS）占比最高，分别为 100%、100%、88.1% 以及 100%，其中 CEPA6、CEPA8 和 CReMA12 全部由专项环保服务构成，单用途环保产品（CG）在 CEPA1、CEPA9、CReMA11a 和 CReMA13a 中的占比最大，均高于 80%，尤其是 CReMA11a 和 CReMA13a 中全部营业额均属于单用途环保产品。改良品（AG）在 CEPA4、CReMA13b 中占绝大多数，均超过 80%，在 CEPA2 中，末端技术占绝对的份额，占比高达 74.1%。

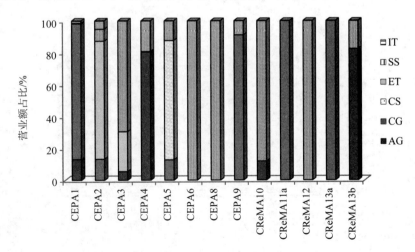

图 7-15　各类别按属性划分营业额占比情况

（2）环境保护类（CEPA）　重庆市环境货物和服务部门按环境保护类分类的总营业额为 1 131.21 亿元人民币，其中主要业务营业额为 1 095.81 亿元。如图 7-16 所示，CEPA1 大气环境保护与应对气候变化类别占比 68.6%，CEPA 3 废物治理占比 20.4%，CEPA4 土壤、地下水和地表水的保护与恢复类占比为 4.5%，CEPA5 减噪防振类占比 2.7%。通过对比，CEPA1 在环境保护类别中具有绝对的主导作用。

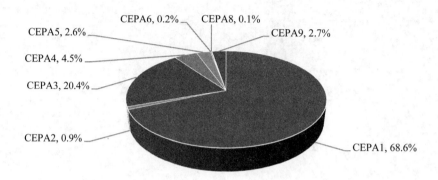

图 7-16　环境保护类营业额分布情况

从不同属性、不同环境保护类别上看，如图 7-17 所示，重庆市专项环保服务和单用途环保产品在各类别的营业额占比较高，其余属性占比均不高，分别来看，CEPA1、CEPA9 中，单用途环保产品（CG）中占比最高，分别为 85.2%、91.1%。CEPA3、CEPA6、CEPA8 中，专项环保服务（SS）的营业额占比最高，分别是 69.5%、100.0%、100.0%，特别是 CEPA6、CEPA8，营业额占比达 100%。

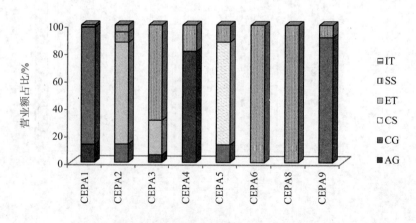

图 7-17　环境保护类按属性划分营业额占比情况

（3）资源管理类（CReMA）　重庆市环境货物和服务部门按资源管理类分类的总的营业额为 148.81 亿元人民币，其中主要业务营业额为 147.38 亿元。如图 7-18 所示，CReMA13a 再生能源生产占比 88.0%，CReMA13b 节热/节能和管理类占比 6.0%，CReMA10 水体管理类占比为 4.2%，通过对比，CReMA13a 在资源管理类别中占有绝对的主导优势。

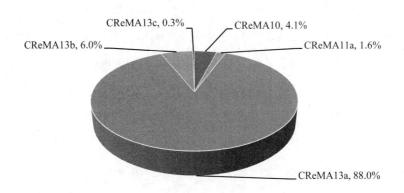

图 7-18　资源管理类营业额分布情况

从不同属性、不同资源管理类别上看，如图 7-19 所示，在资源管理类别中，包含专项环保服务、单用途环保产品以及改良品三个属性。分别来看，CReMA11a、CReMA13a 中，单用途环保产品（CG）营业额占比均达到 100.0%。CReMA10、CReMA12 中，专项环保服务（SS）的营业额占比最高，分别是 88.1%、100.0%，其中 CReMA12 营业额完全由专项环保产品构成。CReMA13b 中，改良品占比最大，达 82.4%。

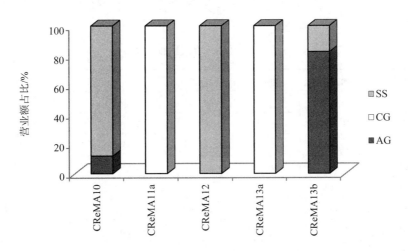

图 7-19　资源管理类按属性划分营业额占比情况

7.3.4.2 就业人数

（1）EGSS 整体情况 重庆市环境货物和服务部门的就业人数为 13.68 万人，其中女性从业人数是 3.56 万人，环境保护类活动的就业人数占 74.6%，资源管理类占 25.4%（见图 7-20）。按环境领域分类，CEPA 1、CReMA 13a、CEPA 3、CEPA9 就业人数最多，占比分别为 43.0%、18.8%、13.3% 及 7.0%（如表 7-8 所示）。CEPA1 大气环境保护与应对气候变化类就业人数占比明显高于其他类型。其中，大气环境保护与应对气候变化类型中，所占比重最大的行业是汽车整车制造行业和改装汽车制造业，CReMA13a 再生能源生产中所占比重最大的行业是水力发电和发电机及发电机组制造。CEPA3 废物治理所占比重最大的行业是金属废料和碎屑加工处理以及再生物资回收与批发，CEPA9 其他环境保护活动中所占比重最大的行业是环境保护专用设备制造、环境保护监测及社会事务管理机构。

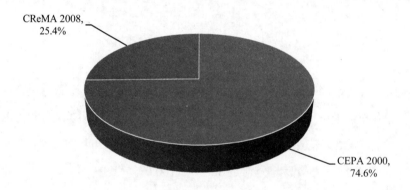

图 7-20 环境保护类和资源管理类就业人数对比

表 7-8 不同领域下从业人员分布

EGSS 类型	从业人员/人	从业人员数占比/%	女性从业人员/人	女性从业人员数占比/%
CEPA1	58 781	43.0	11 462	32.2
CEPA2	3 140	2.3	1 102	3.1
CEPA3	18 251	13.3	5 381	15.1
CEPA4	6 923	5.1	1 860	5.2
CEPA5	3 587	2.6	1 120	3.2
CEPA6	900	0.7	272	0.8
CEPA8	884	0.7	284	0.8
CEPA9	9 587	7.0	3 556	10.0
CReMA10	1 822	1.3	293	0.8

EGSS 类型	从业人员/人	从业人员数占比/%	女性从业人员/人	女性从业人员数占比/%
CReMA11a	4 101	3.0	1 618	4.6
CReMA12	431	0.3	207	0.6
CReMA13a	25 771	18.8	7 763	21.8
CReMA13b	2 441	1.8	605	1.7
CReMA13c	202	0.2	69	0.2

从产品类型上看，如图 7-21 所示，生产单用途环保产品（CG）的就业人员数是最多的一类产品，为 7.92 万人，占比高达 57.7%，其次就业人数较多的是专项环保服务（SS），比重为 20.4%，属于改良品（AG）类型的就业人数比重为 14.2%。

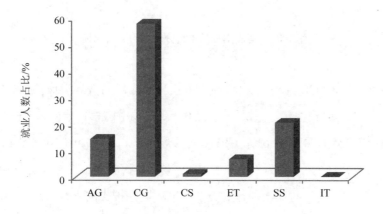

图 7-21　不同产品类型的就业人数对比

从不同类型、不同领域的角度上看，如图 7-22 所示，重庆市环境与货物服务中，不同领域在各个属性中的分布不尽相同。在 CEPA1、CReMA10、CReMA12 中，大多数产品属于单用途环境产品（CG），各自占比为 74.6%、69.0%以及 98.4%。在 CEPA3、CEPA6、CEPA8 和 CEPA9 中，专项环保服务占比最高，占比均过半，尤其是 CEPA6、CEPA8 中的全部产品属于专项环保服务。在 CEPA2、CReMA11a 中占比最大的是末端技术（ET），为 74.3%、100%，CEPA2 和 CReMA13b 中，就业人数占比最高的是改良品类的产品，比值达到 57.9%、63.5%，值得注意的是，在各个领域中，存在属于综合技术类产品的领域只有 CEPA2，且占比极低，仅为 2.1%。

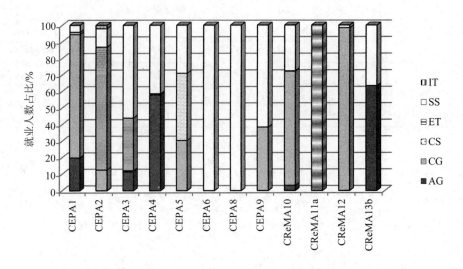

图 7-22　各类别按属性划分就业人数占比情况

（2）环境保护类（CEPA）　重庆市环境货物和服务部门按环境保护分类的从业人员总数为 10.21 万人，其中女性从业人员数为 2.50 万人。如图 7-23 所示，CEPA 1 大气环境保护与应对气候变化类别占比 57.6%，CEPA 3 废物治理占比 17.9%，CEPA4 土壤、地下水和地表水的保护与恢复类占比为 6.8%，CEPA5 减噪防振类占比 3.5%，CEPA9 其他环境保护活动类占比 9.4%，通过对比发现，重庆市从事环境保护类的女性工作人员较少，仅占从业人员总数的 1/4，CEPA1 在环境保护类别中占比过半，说明重庆市大气环境保护与应对气候变化类的从业人数较多。

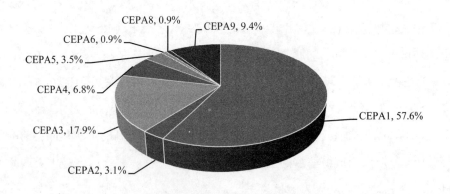

图 7-23　环境保护类从业人员数分布情况

从不同属性、不同环境保护类别上看，如图 7-24 所示，重庆市专项环保服务（SS）和单用途环保产品（CG）在各类别分布的就业人数占比较高。单独来看，CEPA1 中，单用途环保产品（CG）中占比最高，为 74.6%。CEPA3、CEPA6、CEPA8、CEPA9 中，专项环保服务（SS）的就业人数占比最高，分别为 56.1%、100.0%、100.0%、61.6%，特别是CEPA6、CEPA8 的就业人数完全由专项环保服务产品构成。

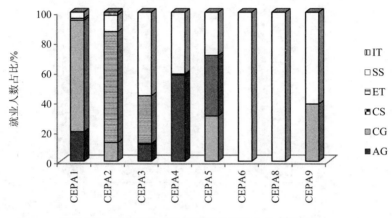

图 7-24　环境保护类按属性划分就业人数占比情况

（3）资源管理类（CReMA）　重庆市环境货物和服务部门按资源管理类分类的从业人员总数为 3.48 万人，其中女性从业人员数为 1.06 万人。如图 7-25 所示，CReMA13a 再生能源生产占比 74.1%，CReMA11a 森林地区管理类占比 11.8%，CReMA13b 节热/节能和管理类占比 7.0%，CReMA10 水体管理类占比为 5.2%。通过对比，CReMA13a 从业人员数在资源管理类别中的值最大，CReMA13c 化石资源作为能源生产以外的原料耗用最小化类别中的值最小，仅为 0.6%。值得注意的是，CReMA11a 森林地区管理类的营业额在资源管理类中的占比并不高，而其对应的从业人员数却在整个资源管理类别中占有一席之地。

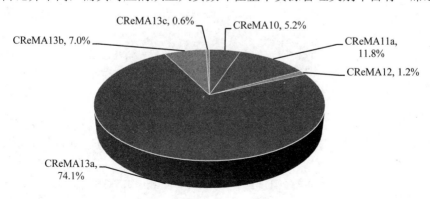

图 7-25　资源管理类从业人员数分布情况

从不同属性、不同资源管理类别上看，如图 7-26 所示，重庆市不同类型产品的就业人数在资源管理类的分布呈现出明显的差异。分别来看，在 CReMA10、CReMA12 中，专项环保服务（CG）的就业人数占比最高，分别是 69.0%、98.4%，CReMA13b 的就业人数主要是由改良品（AG）构成，占比达 63.5%，CReMA11a 的就业人数则完全由末端技术构成。

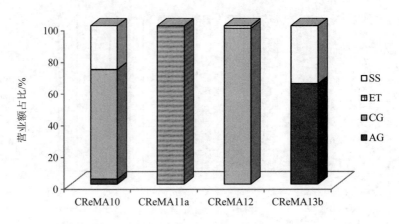

图 7-26　资源管理类按属性划分营业额占比情况

7.3.4.3　出口额

重庆市环境货物和服务部门出口额为 23.5 亿元，其中环境保护类出口额占比 98.5%，资源管理类占比为 1.5%（如图 7-27 所示），环境保护类的出口明显高于资源管理类。出口额主要来源于 CEPA1、CEPA4、CEPA5、CEPA9 以及 CReMA13a 等类别。

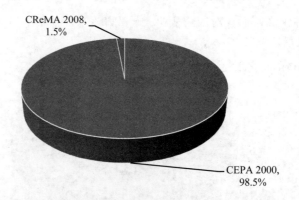

图 7-27　环境保护类和资源管理类出口额对比

从不同属性上看，如图 7-28 所示，重庆市环境货物与服务出口额主要来源于单用途环境产品（CG）和改良品（AG），分别占 91.6%，8.4%，其余几类产品属性的出口值均为 0，对比来看，重庆市环境货物与服务出口额绝大多数由单用途环境产品（CG）主导。单独来看，如图 7-29 所示，各属性产品主要分布在 CEPA1、CEPA4、CEPA5、CEPA9 和 CReMA12 中，具体上讲，在 CEPA1、CEPA5、CEPA9 和 CReMA12 中，单用途环境产品（CG）占比最高，除 CEPA1 占比为 99% 外，其余均为 100%，在 CEPA4 中，改良品（AG）占比达 100%。

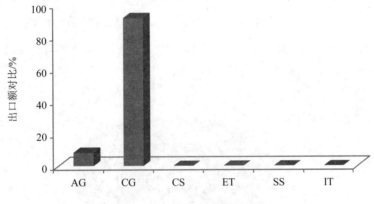

图 7-28 不同产品类型的出口额对比

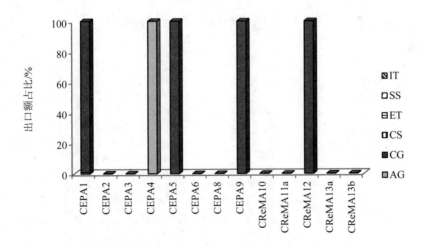

图 7-29 各类别按属性划分出口额占比情况

7.3.4.4　增加值

（1）EGSS 整体情况　重庆市环境货物和服务部门的增加值为 425.76 亿元，其中环境保护类活动的增加值占 87.7%，资源管理类占 12.3%（见图 7-30）。从环境领域角度上看，各领域增加值情况差距较大，其中 CEPA 1、CEPA 3、CEPA4、CReMA 13a 增加值最多，占比分别为 41.2%、33.5%、6.6% 及 10.9%（图 7-31），特别是 CEPA 1 以及 CEPA 3 两类增加值占据整个 EGSS 行业的绝大部分。其中，大气环境保护与应对气候变化类型中所占比重最高的行业是汽车整车制造行业和改装汽车制造业，CEPA 3 废物治理所占比重最大的行业是金属废料和碎屑加工处理以及再生物资回收与批发，CEPA4 土壤与地表水保护与恢复活动中所占比重最大的行业是水污染治理、生物化学农药微生物农药制造。CReMA 13a 再生能源生产中所占比重最大的行业是水力发电。

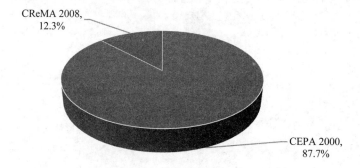

图 7-30　环境保护类和资源管理类增加值对比

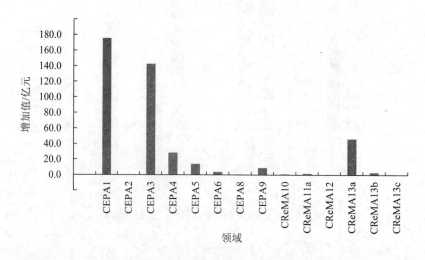

图 7-31　各领域增加值情况对比

从产品类型上看，如图 7-32 所示，单用途环境产品（CG）占比 47.6%，专项环保服务（SS）增加值占比达 37.9%，改良品（AG）增加值比重为 9.1%，单用途环保服务（CS）、末端处理技术（EI）及综合技术产品（IT）增加值占比则相对较低。通过对比，单用途环境产品和专项环保服务增加值占比最高，主要是受到汽车整车制造和再生物资回收与批发的影响较大，同时也说明，重庆市在汽车研发和废物利用方面发展较好。

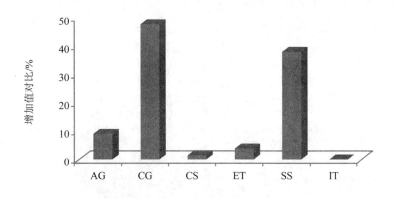

图 7-32　不同产品类型的增加值对比

从不同领域、不同属性上看，如图 7-33 所示，重庆市各个领域中的增加值主要分布在单用途环境产品（CG）和专项环保服务（SS）中，其中，专项环保服务（SS）类产品主要集中在 CEPA3、CEPA4、CEPA6、CEPA8、CReMA10、CReMA12 中，比重均超过 60%。而单用途环境产品（CG）则主要集中在 CEPA1、CEPA2、CEPA9、CReMA11a、CReMA13a 中，占比均超过 50%。

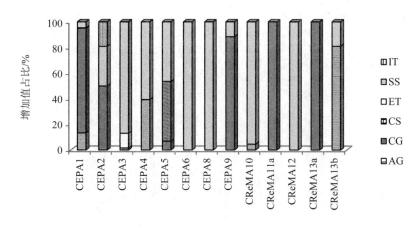

图 7-33　各类别按属性划分增加值占比情况

（2）环境保护类（CEPA） 重庆市环境货物和服务部门按环境保护分类的增加值为 373.54 亿元。如图 7-34 所示，其中 CEPA1 大气环境保护与应对气候变化类别占比 47.0%，CEPA3 废物治理占比 38.2%，CEPA4 土壤、地下水和地表水的保护与恢复类占比为 7.6%，CEPA5 减噪防振类占比 3.7%，通过对比发现，CEPA1 与 CEPA3 在环境保护类别中占比较大，绝大多数增加值在这两个领域中产生，说明重庆市在大气环境保护与应对气候变化类以及废物治理领域中具有较好的经济带动作用，同时也说明，重庆市在环保产业发展中，比较重视大气治理和废物治理的发展。

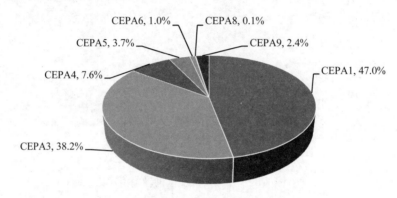

图 7-34　环境保护类增加值分布情况

在环境保护类别中，各产品属性分布比例有明显的差异。在各类别中，单用途环境产品（CG）和专项环保服务（SS）的增加值明显占绝大多数，单独上看，单用途环境产品（CG）主要分布在 CEPA1、CEPA2、CEPA9 中，分别占比 81.7%、50.0%和 88.4%，对于专项环保服务（SS）主要分布在 CEPA3、CEPA4、CEPA6、CEPA8 中，占比为 87.0%、60.6%、100%、100%（具体如图 7-35 所示）。

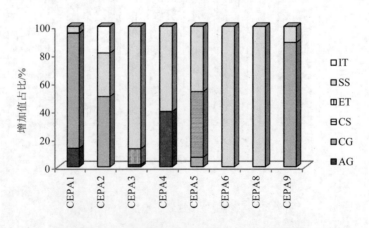

图 7-35　环境保护类按属性划分增加值占比情况

（3）资源管理类（CReMA）　重庆市环境货物和服务部门按资源管理类分类的增加值为 52.22 亿元。如图 7-36 所示，其中 CReMA13a 再生能源生产占比 88.6%，CReMA13b 节热/节能和管理类占比 5.4%，CReMA11a 森林地区管理类占比 3.4%，CReMA10 水体管理类占比 2.0%，通过对比，CReMA13a 从业人员数在资源管理类别中的值最大，CReMA12 野生动植物管理类别中的值最小，仅为 0.1%。

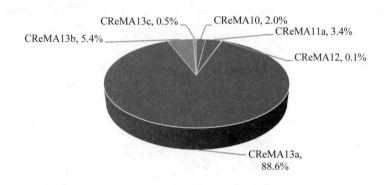

图 7-36　资源管理类增加值分布情况

对于资源管理类中不同产品属性增加值的分布，呈现出明显趋势，如图 7-37 所示。具体上讲，CReMA10、CReMA12 中，专项环保服务（SS）占比最大，分别为 95.5%、100%，CReMA11a、CReMA13a 中增加值完全由单用途环境产品构成。CReMA13b 则主要由改良品构成，占比为 81.0%。

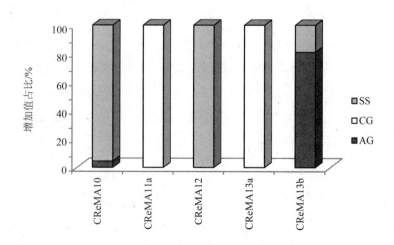

图 7-37　资源保护类按属性划分增加值占比情况

7.3.5 主要结论

重庆市作为 EGSS 试点地区具有较大的代表性。作为直辖市，重庆市环保产业发展迅速，门类齐全，在技术、市场和发展前景方面都走在全国前列。成为直辖市以来，重庆市政府高度重视环保产业，在积极推动全国环保产业发展中扮演着重要角色，特别是在绿色 GDP 核算研究中发挥了至关重要的作用，先后与挪威、加拿大等国家达成绿色核算项目的合作，成果显著。此外，重庆市环保产业协会等组织机构发展较为完善，各单位配合协作力度大，为开展 EGSS 数据收集工作提供了坚实保障，因此，选其作为 EGSS 试点地区较有代表性。

地方层面基本可将 EGSS 统计框架与经济普查相结合。重庆市第三次经济普查于 2013年开展，本次研究将 EGSS 统计框架与此次经济普查相结合，结果表明依托经济普查数据，研究 EGSS 统计框架是可行的。将调查数据按照 EGSS 定义及分类标准进行筛选，获取重庆市属于 EGSS 统计框架的行业。最终锁定走访调研企业 3 655 家，其中属于环境保护活动（CEPA 2000）类别的有 2 135 家，属于资源管理活动（CReMA 2008）类别的有 1 520家。根据分析结果可知，2013 年重庆市 EGSS 营业额为 1 280.02 亿元人民币，就业人数 13.68 万人，出口额 23.5 亿元，增加值 425.76 亿元，其中环境保护类活动的增加值占 87.4%，资源管理类占 12.3%。

按 EGSS 统计框架分析，整体上看，重庆市环境货物和服务部门中的营业额以 CEPA1为主，占整个分析数据的 60.6%，其次为 CEPA3 占 18.0%；从业人口方面，CEPA1、CReMA13a 就业人数最多，占比分别为 43.0%、18.8%；在出口合同额方面，重庆市环境货物和服务部门出口额为 23.5 亿元，其中环境保护类出口额占比 98.5%，资源管理类占比 1.5%；增加值方面，重庆市环境货物和服务部门的增加值为 425.76 亿元，其中环境保护类活动的增加值占 87.4%，资源管理类占 12.3%。

从属性上看，重庆市环境货物和服务部门中的营业额占比最高的是单用途环保产品（CG），为 65.0%，其次是专项环保服务（SS）、改良品（AG），占比分别为 15.4%、12.5%；就业人数方面，生产单用途环保产品（CG）的就业人员数最多，为 7.92 万人，占比高达 57.7%，其次就业人数较多的是专项环保服务（SS），比重为 20.4%，属于改良品（AG）类型的就业人数比重为 14.2%；从出口额来看，单用途环境产品（CG）和改良品（AG）分别占 91.6%、8.4%，其余几类产品属性的出口值均为 0；对于增加值而言，单用途环境产品（CG）占比 47.6%，专项环保服务（SS）增加值占比达 37.9%，改良品（AG）增加值比重为 9.1%，单用途环保服务（CS）、末端处理技术（EI）及综合技术产品（IT）增加值占比则相对较低。

从不同属性、不同环境领域上看，重庆市专项环保服务（SS）和单用途环保产品（CG）在各类别的营业额占比较高，在 CEPA6、CEPA8、CReMA10、CReMA12 中，专项环保服务（SS）占比最高，分别为 100%、100%、88.1%以及 100%，其中 CEPA6、CEPA8 和 CReMA12 全部由专项环保服务构成，单用途环保产品（CG）在 CEPA1、CEPA9、CReMA11a 和 CReMA13a 中的占比最大，均高于 80%，尤其是在 CReMA11a 和 CReMA13a 中全部营业额均属于单用途环保产品。改良品（AG）在 CEPA4、CReMA13b 中占绝大多数，均超过 80%，在 CEPA2 中，末端技术占绝对的份额，占比高达 74.1%。就业人员数、出口额、增加值等情况类似。

7.3.6　从第三次经济普查基表核算 EGSS 数据的基础与挑战

7.3.6.1　从第三次经济普查基表核算 EGSS 数据有一定的基础

（1）EGSS 分类与《国民经济行业分类》基本对应。在本次试点中，根据《欧盟环境货物和服务部门统计使用手册》对 EGSS 统计框架研究范围按照环境领域、产品属性等不同维度分类的标准说明，对比国民经济行业代码分类标准，最终筛选出 166 个行业小类（其中全部属于 EGSS 范围的有 36 个，部分属于的有 79 个，亟待研究确定的有 51 个），基本涵盖完 EGSS 的所有领域。

（2）部分活动属于 EGSS 的国民经济行业，基本可通过主要活动剥离出 EGSS 行业。对于行业活动部分属于 EGSS 的行业类别，首先将每个企业名录中的主要业务活动内容与 EGSS 的解释作对比，把相匹配的单位纳入 EGSS 中；其次，在筛选过程中，会出现主要业务活动描述与 EGSS 解释不相匹配，但又是与环境保护类相关的单位，此时，将通过"环保""环境"等与 EGSS 相关的字段进行逐个筛选确定，获得的企业单位亦将纳入 EGSS 中；最后，未被选中的企业名录将全部剔除。至此，对于部分活动属于 EGSS 的国民经济行业可基本剥离筛选出 EGSS 行业。

（3）基本可获取 EGSS 统计框架下的研究指标。本次试点研究是以经济普查为基本数据源，经济普查作为我国现有统计制度中调查范围较广的一项常规统计制度，专门针对企业的主要业务活动展开调查，其设计了较为翔实的统计报表，包含了调查单位的多项经济指标，基本可以涵盖 EGSS 所需的 4 项指标。

7.3.6.2　从第三次经济普查基表核算 EGSS 数据面临的挑战

实际操作中，EGSS 统计框架在统计定位上明显不同，使得其在统计对象、统计指标、统计分类以及统计数据的收集和整理等方面有显著差异。

（1）统计对象不同。首先，EGSS 统计框架的研究对象是从事 EGSS 相关生产活动的政府和企业。仅包含生产商，不包含零售商。而本次作为数据框的经济普查包括的是从事第二产业和第三产业的全部法人单位、产业活动单位和个体经营户，包含除第一产业外其余所有行业的所有生产商、零售商，也包括政府部门。因此，本次操作中，并没有将第一产业纳入此次的研究范围。其次，本研究在数据收集过程中，主要是以经济普查基础表（611 表）为基础，该表并没包括个体经营户，又考虑到个体经营户在整体上对本次研究的影响不大，因此未将其纳入研究的范围内。

（2）统计指标定义不同。EGSS 研究指标包括营业额、从业人员、出口额以及增加值，根据《欧盟环境货物和服务部门统计使用手册》对四者的定义，与国民经济对其的定义不尽相同，具体比较如表 7-9 所示。

表 7-9　国民经济统计框架与 EGSS 统计框架下的指标定义比较

指标	EGSS 统计框架	国民经济统计框架
营业额	参考期内被调查单位开具发票的总额，相当于提供给第三方的产品或服务的市场销售情况	纳税人提供应税劳务、转让无形资产或者销售不动产向对方收取的全部价款和价外费用。考虑到数据的一致可得和易操作性，本次研究用营业收入与营业税附加之和表征营业额
从业人员	在机构内工作或为机构工作的、每隔一定时间收取现金或其他形式报酬的所有人员	报告期末最后一日 24 时在本单位工作，并取得工资或其他形式劳动报酬的人员数
出口额	产品和服务从常住居民向非常住居民的交易	单位在本年内向境外销售本单位生产的环保相关产品或承接境外的环境服务业所获得的外汇收入总和。本次经济普查出口额仅针对联网直报单位收集数据，因此将会出现较大的误差
增加值	产品售价与用于生产产品和服务的支出总额之间的差值，即总产出减去中间消耗的差值。增加值在定义上不包括任何类别的中间消耗，既不包含非环境产品的中间消耗也不包含环境技术、产品和服务的中间消耗	常住单位生产过程创造的新增价值和固定资产的转移价值，即可按生产法计算，也可按收入法计算。按生产法计算，它等于总产出减去中间投入；按收入法计算，它等于劳动者报酬、生产税净额、固定资产折旧和营业盈余之和

（3）经济普查数据无法完全与 EGSS 统计框架——对应，判定过程易形成偏差。从经济普查数据筛选过程来看，经济普查数据并不能完全与 EGSS 统计框架——对应。

（4）数据收集与整理中的差距。正因上述四大指标在定义上的差距，导致在数据收集与整理中出现较多的误差。对于营业额，考虑到数据的易操作性，结合 EGSS 定义，拟用营业收入与营业收入税附加之和表征，从整体上说，大致能反映出 EGSS 各类别营业额情况。对于从业人员数，选用从业人员期末数表征，能较好地反映出流动性较弱的 EGSS 行业，但对于流动性强的行业，则具有一定的误差。对于出口额的探讨，由于经济普查中对出口额的收集仅涉及联网直报单位中的部分行业，不包括非联网直报和重点服务业、房地产业、住宿餐饮业等行业，因此本次出口额是用规模以上工业、资质建筑业、限额以上批发和零售业等对应行业的出口值表征，这一做法虽具有一定的可行性，但统计口径与 EGSS 统计框架下的营业额、就业人数、增加值不一致，且筛选出的数据并不能完全代表 EGSS 领域中的出口额情况，因此对于出口额数据收集，存在较大的误差，还需对其展开深入的研究。对于增加值指标，由于此次经济普查增加值数据还未经国家认定，因此仅能通过增加值与总产出之间的关系，间接得出增加值，而这种间接的方法，在一定程度上也存在着误差，主要表现在增加值率的取值上，本研究选用的是国民经济行业大、中类的增加值率表征 EGSS 行业增加值率。

7.4 战略性新兴产业统计与 EGSS 统计框架结合的应用

战略性新兴产业是以重大技术突破和重大发展需求为基础，对经济社会全局和长远发展具有重大引领带动作用，知识技术密集、物质资源消耗少、成长潜力大、综合效益好的产业，是建立在重大前沿科技突破基础上，代表未来科技和产业发展新方向，体现当今世界知识经济、循环经济、低碳经济发展潮流，目前尚处于成长初期、未来发展潜力巨大，对经济社会具有全局带动和重大引领作用的产业。

2009 年，在战略性新兴产业发展座谈会上，强调发展战略性新兴产业是中国立足当前渡难关、着眼长远的重大战略选择，要以国际视野和战略思维来选择和发展战略性新兴产业。2010 年，在国务院常务会议上，审议并通过《国务院关于加快培育和发展战略性新兴产业的决定》。会议指出，加快培育和发展以重大技术突破、重大发展需求为基础的战略性新兴产业，对于推进产业结构升级和经济发展方式转变，提升我国自主发展能力和国际竞争力，促进经济社会可持续发展，具有重要意义。必须坚持发挥市场基础性作用与政府引导推动相结合，科技创新与实现产业化相结合，深化体制改革，以企业为主体，推进产学研结合，把战略性新兴产业培育成为国民经济的先导产业和支柱产业。为满足统计上测算战略性新兴产业发展规模、结构和速度的需要，2012 年 12 月，国家统计局发布了《战略性新兴产业分类（2012）（试行）》，结合《国民经济行业分类》，对战略性新兴产业进行了详尽的分类。

根据战略性新兴产业的特征，立足我国国情和科技、产业基础，现阶段重点培育和发展节能环保、新一代信息技术、生物、高端装备制造、新能源、新材料、新能源汽车等产业。而这些产业中的节能环保产业、新能源产业、新能源汽车产业等都完全或部分属于 EGSS 统计框架包含的内容，加上今后国家对战略性新兴产业的重视不断加大，所以研究战略性新兴产业是 EGSS 统计框架探索中的关键一步。

7.4.1 战略性新兴产业统计在 EGSS 中的应用

在第三次经济普查中，首次将战略性新兴产业纳入到此次调查，并专门在基础普查表中设置了"是否经营战略性新兴产业产品"和"战略性新兴产业产品全年收入"两个指标，对战略性新兴产业情况展开初步了解，根据上述对 EGSS 的分类与数据收集整理，得到 EGSS 行业中属于战略性新兴产业的收入。不足的是，"第三次经济普查"中的战略性新兴产业调查内容较为粗略，数据采集未做准确的解释说明，因此，调查到的指标较少，且数据粗略。

7.4.1.1 EGSS 整体情况

重庆市环境货物和服务部门的战略性新兴产品（以下简称"战新产品"）收入为 121.79 亿元，其中环境保护类活动的营业额占 92.1%，资源管理类占 7.9%（图 7-38）。从环境领域角度上看，各领域营业外情况差距较大，其中 CEPA 1、CEPA4、CEPA 9、CReMA 13a 战新产品收入最多，占比分别为 78.4%、2.3%、10.2% 及 7.6%（见图 7-39），特别是 CEPA 1 战略性新兴产业收入占据整个 EGSS 行业的绝大部分。其中，大气环境保护与应对气候变化类型中所占比重最高的行业是汽车整车制造行业和改装汽车制造业。

从产品类型上看，如图 7-40 所示，单用途环保产品（CG）战新产品收入占比达 87.9%，改良品（AG）战新产品收入占 8.7%，专项环保服务产品（SS）战新产品收入占比为 1.9%，单用途环保服务、末端处理技术、综合技术等产品的战新产品收入均不高。通过对比发现，重庆市属于单用途环保产品类的战略性新兴产业较多，主要是由于重庆市的几个汽车公司的影响，说明重庆市汽车行业环保技术也较为发达。

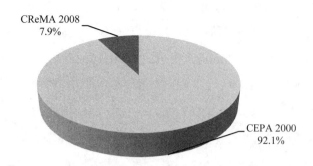

图 7-38　环境保护类和资源管理类战新产品收入对比

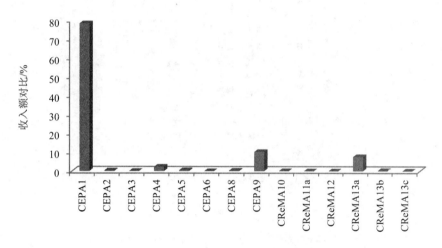

图 7-39　各领域战新产品收入情况对比

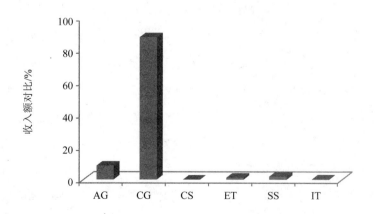

图 7-40　不同产品类型战新产品收入情况对比

从不同属性、不同环境领域上看，如图 7-41 所示，重庆市专项环保服务（SS）和单用途环保产品（CG）在各类别的战新收入占比较高，其余属性占比相对较低，分别来看，CEPA1、CEPA5、CEPA9、CReMA13a 中，单用途环保产品（CG）占比最高，占比高达80%。CEPA4、CEPA6、CEPA8、CReMA10 中，专项环保服务（SS）的战新收入占比最高，占比超过 50%，特别是 CEPA4、CEPA6、CEPA8 的战新收入完全由专项环保服务产品构成。对于改良品方面，CReMA13b 的战新收入全部属于改良品。

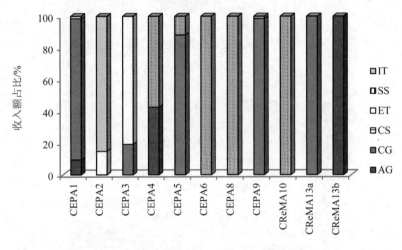

图 7-41　各类别按属性划分战新收入占比情况

7.4.1.2　环境保护类（CEPA）

重庆市环境货物和服务部门按环境保护分类的战新产品收入为 112.17 亿元。如图 7-42所示，其中 CEPA 1 大气环境保护与应对气候变化类别占比 85.1%，CEPA 4 废物治理占比2.5%，CEPA9 其他环境保护活动类占比为 11.0%，通过对比发现，CEPA1 在环境保护类别中占比较大，绝大多数战新收入在这个领域中产生，主要是由于重庆市制造业特别是汽车行业发展较好，使得新能源以及新能源汽车等战略新兴产业的发展相较其他的战略性新兴产业发展都具有优势，从而导致了 CEPA 1 大气环境保护与应对气候变化类别的战新收入明显占据主导地位。

从环境保护类上看不同产品属性战新收入情况，如图 7-43 所示，发现 CEPA1、CEPA5、CEPA9 中，单用途环保产品（CG）占比最高，占比分别为 89.1%、88.2%及 98.5%，CEPA4、CEPA6、CEPA8 中，专项环保服务（SS）的战新收入占比最高，分别为 57.3%、100%、100%。

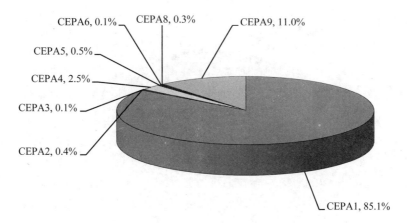

图 7-42　环境保护类战新产品收入分布情况

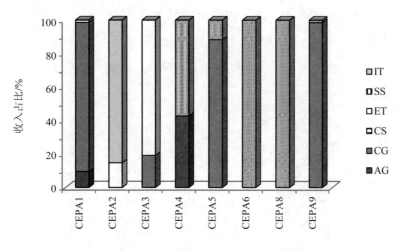

图 7-43　环境保护类按属性划分战新收入占比情况

7.4.1.3　资源管理类（CReMA）

重庆市环境货物和服务部门按资源管理类分类的战新产品收入为 9.62 亿元。如图 7-44 所示，其中 CReMA13a 再生能源生产占比 96.1%，CReMA13b 节热/节能和管理类占比 3.1%，CReMA10 水体管理类占比 0.8%，其余类别战新产业收入为 0。通过对比，CReMA13a 营业额在资源管理类别中的值最大，其主要是受到节能环保产业的影响，同时也表明了重庆市节能环保产业发展相对较好。

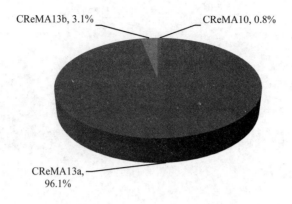

图 7-44　资源管理类战新产品收入分布情况

如图 7-45 所示，重庆市资源管理类按属性划分的战略性新兴产业产品收入占比情况分布明显集中专项环保服务（SS）、末端技术（ET）和单用途环境产品中（CG），即 CReMA10、CReMA13a、CReMA13b 分别由专项环保服务（SS）、末端技术（ET）和单用途环境产品（CG）完全构成。

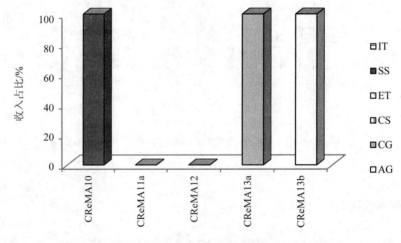

图 7-45　资源管理类按属性划分战新收入占比情况

7.4.2　差距与未来发展方面

7.4.2.1　战略性新兴产业与 EGSS 的差距与挑战

将 EGSS 统计框架与战略性新兴产业相结合，面临着数据来源、数据质量等多方面的挑战，主要表现为：

《战略性新兴产业产品分类》较为详细，但是目前相关统计活动尚未大范围开展。战略性新兴产业包括节能环保、新一代信息技术、生物、高端装备制造、新能源、新材料、新能源汽车等产业。而这些产业中的节能环保产业、新能源产业、新能源汽车产业等都完全或部分属于 EGSS 统计框架包含的内容。根据 2012 年 12 月国家统计局发布的《战略性新兴产业分类（2012）（试行）》发现，《战略性新兴产业产品分类》极为详尽，能很好地与《国民经济行业分类》对应，从而为 EGSS 统计框架下的战略性新兴产业的探究打下基础，但因目前并未开展与战略性新兴产业相关的统计活动，因此收集数据较为困难。

公开出版的指标数据无法完全满足 EGSS 统计框架对数据的要求。目前，对于战略性新兴产业开展的调查较少，仍处于探索的初级阶段，仅有"第三次经济普查"中有所涉及，但所对应的指标较少，仅有是否经营战略性新兴产品和战略性新兴产品收入，无法满足 EGSS 统计框架中对战略性新兴产业的研究要求。

7.4.2.2　未来发展方向

战略性新兴产业是引导未来经济社会发展的重要力量。发展战略性新兴产业已成为世界主要国家抢占新一轮经济和科技发展制高点的重大战略。我国正处在全面建设小康社会的关键时期，必须按照科学发展观的要求，抓住机遇，明确方向，突出重点，加快培育和发展战略性新兴产业。因此，战略性新兴产业相关统计在宏观层面深受重视，但是就目前而言仍处于初级阶段，仅在"第三次全国经济普查"中有所涉及。

为满足统计上测算战略性新兴产业发展规模、结构和速度的需要，2012 年 12 月，国家统计局发布了《战略性新兴产业分类（2012）（试行）》，虽然战略性新兴产业发展指导目录已有试行版本出台，但是仍存在着产业细化分类标准模糊、统计调查体系尚未建立以及缺乏统一规范的统计口径等问题。因此，2013 年第三次经济普查尽管开始对战略性新兴产业展开初步的统计探索，但因标准的模糊性和对其了解还不够彻底等原因，在调查过程中涉及战略性新兴产业的调查较少，表现出调查不成熟、指标较粗略的特点。随着战略性新兴产业的不断深入和完善，理论定义更加清晰化，随之的调查也将越发的详尽，2014 年，重庆开始对工业企业战略性新兴产业的总产值编表上报（如图 7-46 所示），相信在第四次经济普查中，战新产业的内容会在此研究基础之上更加完善。

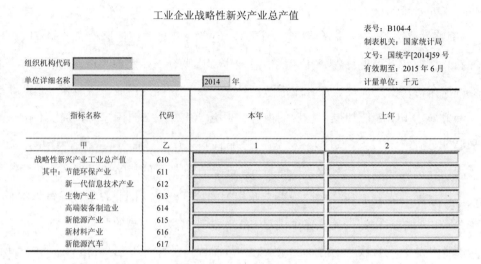

图 7-46   工业企业战略性新兴产业总产值

7.5   小结

本章以环保产业发展基础较好的重庆市为试点城市，分别结合重庆市第三次经济普查数据、战略性新兴产业统计数据，对重庆市开展 EGSS 统计进行实践，从而探索中国开展基于 EGSS 统计框架的环境统计体系构建的基础、可行性以及具体操作路径，也对重庆市环保产业统计体系建设提供相关决策参考。

（1）在 EGSS 与《国民经济行业分类》的对应关系梳理中，建立完善的《环保产业分类目录》是基础。在此次研究中，获得 EGSS 与国民经济行业分类对应表共计 4 张。对于没有依据对其展开分类的对应表，可以运用"德尔菲法[22]"，对表中的行业是否属于 EGSS 进行逐一判断，期间各个专家可通过"走访调查"等形式论证各自观点，使得专家意见逐渐趋同，并对其是否属于 EGSS 行业进行筛选。

（2）加强环境货物和服务部门与国民经济行业分类的对应是开展 EGSS 统计框架的关键。在 EGSS 统计框架中的"资源管理类"活动中，有三类未被列入《国民经济行业分类》（GB/T 4754—2011）。根据活动未被列入的原因，应采取相应的措施进行补正。加强与国家统计部门的合作，通过讨论协商，开展社会调查，多方面收集有关的行业类别情况，补齐代码，完善标签，力争涵盖 EGSS 统计的所有领域。同时在企业数据收集过程中，考虑在填写的报表中加入识别标签，从而在数据导出之时，可以获取更加详细的分类。

（3）调整并完善 EGSS 与国民经济统计间的定义误差，缩小其与国民经济统计间的距离。本研究均是在《欧盟环境货物和服务部门统计使用手册》的指导下对中国 EGSS 统计框架开展实施，期间存在诸多的衔接问题，主要体现在统计对象、统计指标等的定义不相符合上，也即是统计口径的不统一，而这种问题很大程度上影响着中国 EGSS 统计框架的研究。必须结合中国的实际情况，适当调整并完善 EGSS 在统计对象、统计指标等方面的表述，不断地缩小 EGSS 与国民经济统计间的距离。

（4）完善增加值的核算方法、深化出口额数据的获取途径是提高重庆市 EGSS 核算准确性的重要路径。由于经济普查中并未涉及增加值的调查，又因为普查数据采集和处理具有滞后性，因此现阶段无法获得全面的增加值数据。为使数据能精确深入地反映出重庆市 EGSS 发展状况，将考虑从收入法角度，对各 EGSS 行业进行全面的测算。本研究中出口额指标数据的选取，存在着片面性和不完整性。为获取更加全面精确的出口额数据，应加强与海关部门的交流合作，考虑建立海关资源共享平台，进一步深化出口额数据的获取途径。

（5）研究战略性新兴产业是 EGSS 统计框架探索中的重点。战新产业中的节能环保产业、新能源产业、新能源汽车产业等都完全或部分属于 EGSS 统计框架包含的内容，加上国家对战略性新兴产业的重视不断加大，研究战略性新兴产业是 EGSS 统计框架探索中的关键性一步。尽管当前我国经济普查与战略性新兴产业的数据在 EGSS 统计框架下进行运用有一定差距，但至少可以为 EGSS 统计框架提供一部分数据。此次研究，不仅明确了今后战略性新兴产业的调查方向，还使战略性新兴产业与 EGSS 统计框架有了初步衔接，具有重要的意义。

第8章 武汉市试点研究案例

武汉市环保产业在中国华中地区处于领先地位，发展迅速，门类齐全，在技术、市场和发展前景方面都走在全国城市的前列，且市级层面环保产业结构相对完整，开展案例研究具有代表性意义。在武汉市一期开展基于 EGSS 统计框架和环保产业调查统计比对分析的基础上，本书进一步深入。限于统计数据的采集存在一定困难，本章重点集中在进一步通过统计部门、企业调研访谈，来识别武汉市基于 EGSS 完善环保产业统计面临的挑战，以及建立补充开展资源管理类环保产业统计的实施机制。同时分析从武汉市战略性新兴产业引进 EGSS 面临的主要挑战，并开展了从第三次经济普查基表核算 EGSS 数据的应用，为在城市层面进一步研究建立基于 EGSS 的环保产业统计提供经验。

8.1 进一步识别基于 EGSS 完善环保产业统计面临的关键挑战

8.1.1 环保产业统计调查能力建设需要提升

武汉市环保产业调查对象较多，为了进一步提升数据采集精度，需要大量业务熟练的调查员深入被调查单位，提升调查单位配合填报统计数据的行为能力，协调企业各部门间配合完成报表填报。武汉市环保产业统计系统涉及资源管理的内容较少，采集相关数据需协调各相关部门补充进行专项调查，这需要统计部门增加新的能力保障。这些适应基于 EGSS 环保产业统计，新增了管理能力需求，如果以必要的配套保障能力作为支撑，则在数据采集过程中存在着重大挑战。因此，完善武汉市环保产业统计首先要强化统计管理能力建设。

8.1.2 武汉市环保产业统计体系需要进行协调和完善

EGSS 统计框架的四项指标均要按照环境领域进行划分，但是对于武汉市的环保产业企业而言，目前大部分环保单位均同时开展多个领域的业务，人员和财务难以按照业务量进行划分，估算又缺乏统一标准，导致最终结果难以在同一水平线上进行比较。因此，引入 EGSS 统计框架，尚需要对武汉市现有环保产业统计体系进行进一步调整。

8.1.3 环保产业统计数据持续采集机制还没有建立

武汉市环保产业统计体系还缺乏持续性数据。武汉市目前没有建立环保产业统计动态更新的数据库，上一次武汉市环保产业调查是 2004 年的数据，两次调查之间相隔时间较长，数据缺乏联动性，不能较好测量武汉环保产业的发展趋势，这与 EGSS 统计体系的目标要求存在一定差距，未来环保产业统计调查需要解决数据持续性问题。

8.2 资源管理类环保产业补充调查实施机制

8.2.1 调查目的

鉴于武汉市资源管理类环保产业发展缺乏统计支撑，依据 EGSS 环保产业统计分类方式，补充调查资源管理类环保产业发展情况。

8.2.2 调查范围

主要包括从事资源循环利用的产品和服务。包括：经国家、省级认定的资源综合利用产品和虽然未经认定，但其列入《资源综合利用目录》的产品；符合国家发展和改革委员会等 6 部门联合下发的《中国资源综合利用技术政策大纲》相关要求的产品。环境服务活动包括污染治理服务及环境保护设施运营服务、环境工程建设服务、环境技术研发推广服务、环境政策规划咨询服务以及环境审计与审核认证服务等。调查涉及行业包括农、林、牧、渔业，采矿业，制造业，电力、热力、燃气及水的生产和供应业等国民经济行业。

8.2.3 调查内容

包括环境保护及相关产业法人单位的主要产业活动、单位基本属性、生产经营情况、生产能力、技术水平、研发投入、从业人员、出口情况等。调查表式采用一张表，包括反映被调查单位共性情况的法人单位基本情况栏、从业人员情况栏、经营情况栏（可细分为企业经营情况表、事业单位经营情况表、民间非营利组织经营情况表），反映被调查单位从事环境保护及相关产业各领域生产经营情况栏。

8.2.4　企业认定

（1）申报认定内容　对全市相关企业进行一次清查，按照规定的原则，确定 EGSS 涉及企业的统计范围和具体内容。包含以下两个层次。第一层次：根据企业符合 EGSS 统计框架的环境目的，确定分类，包括规模以上工业企业、限额以上服务业企业（包括限额以上媒体零售业和再生物质回收批发业企业）、农业企业等。第二层次：确定企业战略性新兴产业所属类型、构成及其占主营业务收入的比重等。即在框定的大范围内，进一步确定具体的统计内容和对象。要注意，一个企业可能分属多个 EGSS 产业，也可能涵盖多个领域，但是不得重复核算。

（2）企业申报认定流程　申报资料包括 EGSS 相关企业申报认定表、EGSS 企业主要经济效益指标统计表（统计部门没有布置定期报表任务的战略性新兴产业非工业企业）、战略性新兴产业相关企业申报信息一览表等。申报认定表必须由统计部门和环保部门共同认定，按职责分工，提出审定意见并正式同意。

8.2.5　数据采集与统计

在相关部门共同完成环保产业企业及分类构成的基础上，由武汉市统计局负责实施 EGSS 统计体系有关资源管理类环保产业企业的数据统计，定期开展相关工作，完成 EGSS 产业增加值等相关数据的计算工作。

8.3　战略性新兴产业引入可行性分析

武汉市战略性新兴产业近年来快速发展，形成了以新能源汽车、绿色制造等为主导的产业格局。但是战略性新兴产业发展还在探索过程并且产业统计滞后，所以在战略性新兴产业统计领域中引入 EGSS 统计框架可以在一定程度上更好地引导本地产业发展。本书主要调研分析了战略性新兴产业统计存在的问题，并与 EGSS 统计框架进行了比较分析，分析引入 EGSS 统计框架面临的困难和挑战，进一步探索战略性新兴产业与 EGSS 统计框架结合的可能性。

8.3.1　战略性新兴产业统计存在的主要问题

（1）统计范围主要集中在工业领域　战略性新兴产业认定的依据是国家统计局《战略性新兴产业分类（2012）》，目录在产业分类上只涵盖工业和服务业这两个行业，且行业主要集中在工业，服务业涵盖少。再加上目前一套表平台上只对规模以上工业企业下发战新报表，这样就容易造成规模以下工业和服务业领域的战新企业漏统，从而导致战新产品的结构失衡，工业战新占比高，服务业战新占比少，规模以下和其他行业无战新。

（2）统计数据质量有待改进　由于战新报表是年报，因此相比系数法年度的工业战新数据可以较为准确地体现。但月度工业的战新数据仍是根据年度战新产品的占比来确定月度的系数，且今年和同期的系数是相同的。然而在实际工作中，企业每月生产的产品都有变化，战新产品的生产比例今年和同期也会发生较大变化，这样就导致月度工业战新数据质量难以保证。

（3）统计认定判断难　由于企业很难对单个产品单独分离出来计算产值，所以不少企业特别是产品品种比较繁多的企业基本无法准确统计战新数据，基本都是估算的。同时《战略性新兴产业分类（2012）》目录中许多产品属于概念性产品，缺乏详细的说明和明确的定义，企业和统计机构难以准确把握，如新材料大类中对金属制品没有明确定义，造成金属冶炼、锻造这些原本应淘汰的高耗能、高污染产业反而可以归到战新行业中。

8.3.2　比较分析

（1）统计定位存在一定差异　战略性新兴产业主要是指建立在重大前沿科技突破基础上，代表未来科技和产业发展新方向，体现当今世界知识经济、循环经济、低碳经济发展潮流，尚处于成长初期、未来发展潜力巨大，对经济社会具有全局带动和重大引领作用的产业，这与 EGSS 统计框架范围存在较大差异。

（2）统计范围设置方法不同　EGSS 统计框架中环境行业的范围只包含为"环境目的"而生产的技术、产品和服务。战略性新兴产业统计范围，是立足中国国情和科技、产业基础，具有一定的发展阶段性特征，现阶段重点培育和发展节能环保、新一代信息技术、生物、高端装备制造、新能源、新材料、新能源汽车等产业，在范围上和 EGSS 统计框架存在差异，和 EGSS 较为一致的主要集中在节能环保产业、新能源行业等。

（3）实施基础能力存在差异　EGSS 统计框架具有相对明确的分类方式和统计指标体系，但是对战略性新兴产业的统计还未形成统计制度。对于如何统计还在探索过程，因此也提供了一个基于 EGSS 统计框架的战略性新兴产业统计完善的渠道，比如可在节能环保等重点领域进行专项统计和分析。

（4）战略性新兴产业统计对象不同   EGSS 统计体系是一个综合、广泛的统计体系，主要服务于各个国家之间环保产业发展之间的比较，因此非常关注环保产业经济指标的测量。战略性新兴产业是中国结合国情提出的一个新概念，统计上尚未形成清晰明确的界定，因此需要首先明确各领域统计界定，清晰识别关联产业。

（5）统计指标存在较大差异   目前中国的战略性新兴产业还处于起步阶段，对战略性新兴产业的调查统计也未形成稳定的制度。在第三次经济普查中，首次将战略性新兴产业纳入此次调查，并专门在基础普查表中设置了"是否经营战略性新兴产业产品"和"战略性新兴产业产品全年收入"两个指标，对战略性新兴产业统计开展了初步探索。随着战略性新兴产业在国民经济中的地位加强，加大对战略性新兴产业调查统计以及扩大范围和指标是一个趋势，这也为引入 EGSS 统计框架提供了机遇。

8.4   从第三次经济普查基表核算 EGSS 数据的应用

武汉市位于长江中游、汉江下游，是中国中部地区的中心城市，全国重要的工业基地、科教基地和综合交通枢纽。全市下辖 13 个市辖区，3 个国家级开发区，总面积 8 494.41 平方公里，全市常住人口 1 076.62 万人。初步统计，2013 年武汉市从事环境保护及相关产业的企事业单位超过 600 家，从业人员近 6 万人，年营业收入 473.53 亿元，年营业利润 85.11 亿元，年出口合同额 15.56 亿美元。

本案例研究的目的是通过对武汉市第三次全国经济普查数据库来收集 EGSS 数据。按照附表 1 的对应关系，梳理出的《环保产业分类目录》，依托武汉市第三次经济普查数据，筛选确定调查单位名录，并采集用于分析的数据指标完成相关研究。

8.4.1   统计对象识别

本次调查的范围为武汉市 13 个市辖区及 3 个国家级开发区。结合武汉市的实际，根据附表 1 梳理出的《环保产业分类目录》共计 166 个行业小类，其中全部属于 EGSS 范围的有 36 个，部分属于的有 79 个，亟待研究确定的有 51 个。根据此目录从武汉市第三次经济普查库中初步筛选出符合条件的调查单位。

8.4.2　数据收集与整理

借助武汉市经济普查数据库，结合 5.2.2 节介绍的生产商识别过程，按行业代码筛选同行业企业的数据，再按照 EGSS 领域筛选同领域企业的数据，最后按照 EGSS 属性进行筛选，最终将同一属性所有企业的营业额、就业人数、出口额、增加值加和后填入 EGSS 标准表。

8.4.3　结果分析

（1）营业额　武汉市环境货物和服务部门总的营业额为 478.06 亿元人民币，其中主要业务营业额为 447.73 亿元，EP 的营业额明显高于 RM（具体如表 8-1 所示）。按照 EP 来看，环境保护各领域营业额的占比（如图 8-1 所示），其中营业额由大到小依次是 CEPA 1、CEPA 9、CEPA 4 和 CEPA 4，CEPA 1 的营业额 284.09 亿元，所占比重最大，占 61.06%，主要是受到节能环保产业的影响，表明武汉市节能环保产业发展相对较好。按环境领域划分，营业额比重最大的四个领域是 CReMA 13c、CReMA 13a、CReMA 13b 和 CReMA 10，其中 ReMA13c 占比最高（如图 8-2 所示）。

从不同产品类型属性上看，环境保护中环境特定服务（SS）的营业额 211.09 亿元最高，占环境保护整体营业额的 43%。其次则是适应性产品（AG）营业额 137.49 亿元，占 29%，再次是关联产品（CG）92.17 亿元，占 18%（具体如图 8-3 所示）。

表 8-1　CEPA 与 CReMA 主要营业额对比

类别	营业额/亿元	营业额占比/%	主要业务营业额/亿元	主要业务占营业额比重/%
CEPA 2000	465.26	97.32	430.72	92.58
CReMA 2008	12.80	2.68	12.15	94.91
合计	478.06	—	442.87	—

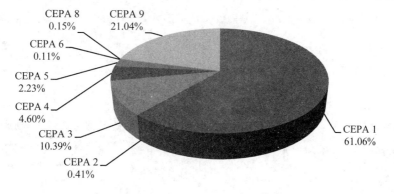

图 8-1　不同环境领域的营业额对比（EP）

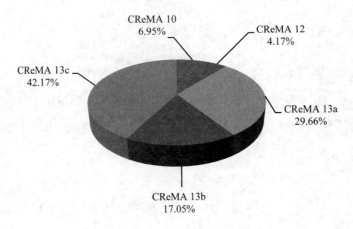

图 8-2　不同环境领域的营业额对比（RM）

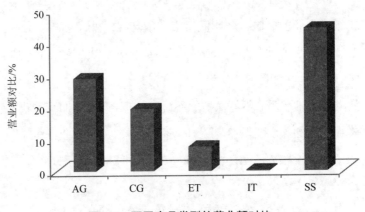

图 8-3　不同产品类型的营业额对比

（2）就业人数　武汉市环境货物和服务部门的总就业人数为 5.25 万人。与营业额类似，EP 的就业人数（5.14 万人，占总就业人数的 95.87%）远远高于 RM（0.23 万人，占总就业人数的 4.13%）。CEPA 9、CEPA 1、CEPA 3 及 CEPA4 就业人数最多，占比分别为 48.61%、28.77%、10.40% 及 93.94%（具体如表 8-2 所示）。

从属性来看，武汉市环境保护中从事环境特定服务（SS）的人数最多，约 2.98 万人，从事关联产品（CG）的人数次之，约 1.35 万人，从事适应性产品（AG）及末端治理技术（ET）的人数分别为 0.48 万人和 0.43 万人，分别占环境保护总人数的 56.66%、25.77%、9.22% 和 8.10%（具体如图 8-4 所示）。

表 8-2　不同领域下从业人员分布

EGSS 类型	从业人员/人	从业人员数占比/%
CEPA 1	15 421	28.77
CEPA 2	212	0.40
CEPA 3	5 576	10.40
CEPA 4	2 112	3.94
CEPA 5	1 259	2.35
CEPA 6	283	0.53
CEPA 7	3	0.01
CEPA 8	465	0.87
CEPA 9	26 059	48.61
CReMA 10	46	0.09
CReMA 12	283	0.53
CReMA 13a	486	0.91
CReMA 13b	591	1.10
CReMA 13c	809	1.51

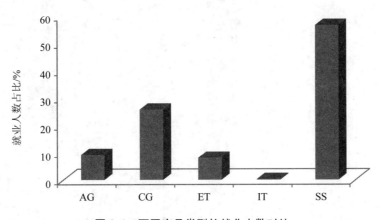

图 8-4　不同产品类型的就业人数对比

（3）出口额　武汉市环境货物和服务部门总出口额为 93.26 亿元，EP 的出口额（86.99 亿元，占总出口额的 93.28%）明显高于 RM（6.27 亿元，占总出口额的 6.72%）（见图 8-5）。单看 EP，出口额主要来源于 CEPA1、CReMA13b、CEPA9、CEPA5 以及 CReMA1☁等类别。关联产品（CG）和环境特定服务（SS）是出口额的主要来源，分别占总出口额的 72.85% 和 17.94%（图 8-6），其余末端治理技术（ET）和综合改进技术（IT）两种产品类型的出口额之和不足总出口额的 10%。

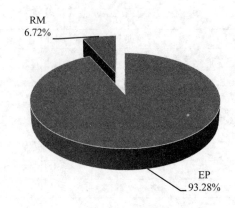

图 8-5　环境保护类和资源管理类出口额对比

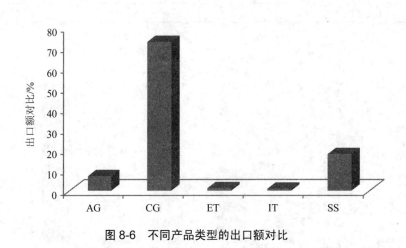

图 8-6　不同产品类型的出口额对比

（4）增加值　武汉市环境货物和服务部门的总增加值为 87.20 亿元，其中 EP 的增加值（84.62 亿元）占总增加值的 97.04%，RM 的增加值（2.58 亿元）占总增加值的 2.96%。各领域增加值情况差距较大，其中 CEPA 1、CEPA 9、CEPA3、CEPA4 占比高（图 8-7），特别是 CEPA 1 的增加值超过整个 EGSS 行业增加值的一半。从 EP 角度上看，CEPA 1 和 CEPA 9 是主要的增加值来源，CEPA 6、CEPA7、CEPA 8、CReMA 10、CReMA 11 和 CReMA 12 的总和贡献了总的 EP 增加值的不到 10%；从 RM 角度来看，CReMA 13c 贡献了 RM 方面的 39.95%（具体见图 8-8）。

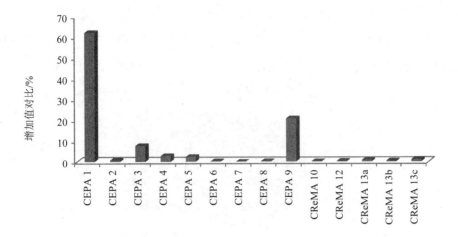

图 8-7　各领域增加值情况对比

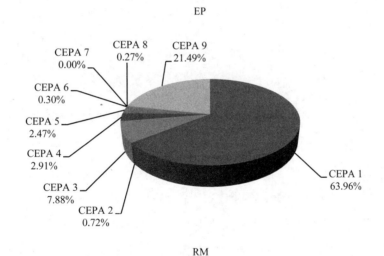

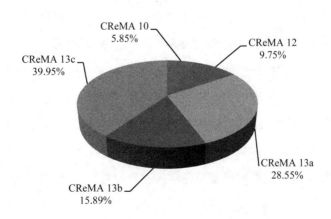

图 8-8　不同环境领域的增加值对比（EP 及 RM）

从产品类型上看，适应性产品（AG）和环境特定服务（SS）占比最高，两者之和几乎占了总增加值的 80%，另外两项产品关联产品（CG）和末端治理技术（ET）占总增加值的比值之和约为 20%，而综合改进技术（IT）则几乎没有增加值（图 8-9）。

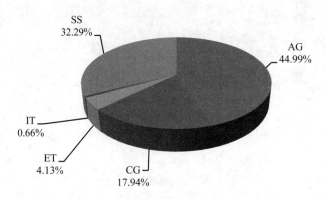

图 8-9   不同产品类型的增加值对比

8.5   小结

本章在武汉市一期开展基于 EGSS 统计框架和环保产业调查对比分析的基础之上，进一步深入识别了武汉市基于 EGSS 完善环保产业统计面临的挑战，并且建立了开展资源管理类环保产业统计的实施机制。同时分析了从武汉市战略性新兴产业引进 EGSS 面临的主要挑战，并利用第三次经济普查基表对 EGSS 进行核算和结果分析。

（1）武汉市基于 EGSS 统计框架进一步完善环保产业统计仍面临着挑战。武汉市的环保产业统计调查能力建设需要提升，武汉市环保产业统计系统涉及资源管理的内容较少，采集相关数据需协调各相关部门补充进行专项调查，这需要统计部门增加新的能力保障；武汉市环保产业统计体系需要进行协调和完善，武汉市大部分环保单位均同时开展多个领域的业务，人员和财务难以按照业务量进行划分，估算又缺乏统一标准，导致结果无法在同一水平线上对比；武汉市环保产业统计数据持续采集机制还没有建立，调查之间相隔时间较长，数据缺乏联动性，不能较好测量武汉环境产业的发展趋势。

（2）武汉市战略性新兴产业引入 EGSS 统计框架存在可行性，但战新产业统计仍存在系列问题。武汉市战略性新兴产业发展还在探索过程并且产业统计滞后，所以在战略性新兴产业统计领域中引入 EGSS 统计框架可以在一定程度上更好地引导本地产业发展。但战略性新兴产业统计存在的主要问题是：统计范围主要集中在工业领域，容易导致战新产品的结构失衡；统计数据质量有待改进；统计认定判断难，产品品种比较繁多的企业基本无法准确统计战新数据。

（3）EGSS 统计框架与战略性新兴产业统计在统计定位、范围、对象以及指标等方面存在差异性。EGSS 统计框架与战略性新兴产业由于统计目的不同，因此在统计定位、范围、对象以及指标等方面均存在差异。综合对两者进行比较分析，两者主要存在着统计定位存在一定差异、统计范围设置方法不同、实施基础能力存在差异、产业统计对象不同以及统计指标存在较大差异等不同点。

第 9 章　中国建立基于 EGSS 的环保产业统计框架的可行性

本章在前述各章研究工作的基础上，系统分析了从经济普查统计基表引入 EGSS 的可行性以及战略性新兴产业统计与 EGSS 结合的可行性。

9.1　从经济普查统计基表引入 EGSS 的可行性

9.1.1　基础条件

经济普查是目前中国最为全面的与经济相关的统计调查活动，其可以根据 EGSS 中环境保护分组（CEPA 2000）、资源管理分组（CReMA 2008）与《国民经济行业分类》（GB/T 4754—2011）的对应关系，建立起基于《国民经济行业分类》的《环保产业分类目录》，从而依托第三次经济普查数据，筛选确定调查单位名录，并提取用于分析的数据指标完成相关研究。将 EGSS 统计框架与中国经济普查结合主要有以下几点基础条件。

（1）经济普查的范围较广。经济普查的对象是在我国境内从事第二产业和第三产业的全部法人单位、产业活动单位和个体经营户，其专门针对主要业务活动展开调查，因此通过该途径能更加便捷、准确地识别出属于 EGSS 领域的企业。另外，经济普查采用"自下而上"填报报表的形式，由国家统计局牵头，由地方各级主管机构筛选调查对象并收集调查数据，可以确保调查范围的广泛和全面。

（2）经济普查内容较为全面，基本涵盖 EGSS 所需的各项指标。经济普查设计了较为翔实的统计报表，包含了调查单位的行业代码、营业收入、各类就业人数、出口额、战略性新兴产业产品收入等，包括了除增加值以外的 EGSS 指标。

（3）经济普查具备一定的技术和制度保障。一方面，经济普查有一套专门的调查软件，用于全国各地数据的上报与汇总，该软件可通过行业代码与 EGSS 统计框架相结合，从而可简化数据收集工作；另一方面，经济普查得到了各有关部门的大力支持，为调查工作的顺利开展提供了制度保障。

（4）经济普查首次纳入战略性新兴产品收入指标，为战新产业引入 EGSS 研究奠定了基础。战略性新兴产业是国家高度重视的产业，鉴于战新产业与 EGSS 统计框架存在着高度的相似性，将其引入 EGSS 中，具有重要的研究价值。而此次第三次经济普查首次将战新产业产品收入纳入普查中，为战新产业的发展开辟了一条新的路径，同时也与 EGSS 搭建起了一座至关重要的桥梁。

9.1.2　差距与挑战

将 EGSS 统计框架与经济普查相结合也存在一些差距与挑战，主要表现在以下几个方面。

缺乏连续性数据，相关指标系统性不够。本次研究数据建立在第三次经济普查基础之上，并没有建立动态更新的数据库，上一次经济普查是 2008 年的数据，两次调查之间相隔时间较长，数据缺乏联动性，不能较好推测未来 EGSS 行业的发展趋势。尽管统计部门根据平时掌握的业务可推算出相关指标，但也存在着数据不够系统的问题。

经济普查数据无法完全与 EGSS 统计框架一一对应，判定过程易形成偏差。从经济普查数据筛选过程来看，经济普查数据并不能完全与 EGSS 统计框架一一对应，主要表现在以下几个方面。

（1）按照 EGSS 分类标准和解释，完成 EGSS 与《国民经济行业分类》的对应关系，建立《国民经济行业分类与 EGSS 统计框架对应表》，在分类过程中，有三个分类或是难以确认对应的国标行业小类，或是与 EGSS 中其他分类对应的国标行业小类高度重合（如 CReMA15 自然资源管理的研发活动难以确认对应国标行业小类，CReMA16 其他自然资源管理活动与 CEPA9 其他环境保护活动高度重合），因此在研究中未列举各自对应的国标行业小类，没有将其作为此次研究的对象。

（2）构建 EGSS 与国民经济行业小类的对应关系表后，对经普中的企业单位逐一筛选，最终确定 4 张表，包括该行业类别全部活动属于 EGSS、该行业类别活动部分属于 EGSS、暂时不能界定该行业活动是否属于 EGSS 以及暂时不能界定该行业活动是否部分属于 EGSS。本研究的研究对象仅仅针对前两张表，对于不能界定的行业活动，暂时无法进行深入研究，因此，本次研究的对象并没有包含所有属于 EGSS 的行业，存在一定的偏差。

（3）在 EGSS 范围确定时，对行业活动类别部分是否属于 EGSS 的筛选过程中，期间的判断具有一定的主观色彩，因此可能与 EGSS 的解释之间存在着一定的偏差。

普查基础数据较为单一，导致经济指标匮乏。本次研究是以普查基础表作为基本数据来源，使用该表可系统全面地筛选出属于 EGSS 企业单位，但不足的是对应的经济指标较少，缺乏部分 EGSS 的重要指标，如出口额、增加值等指标。为全面了解 EGSS 的情况，需与其他普查表结合使用，如财务状况报表，但财务状况报表针对的仅是联网直报的数据，并未涉及非联网直报数据，继而产生了指标衔接上不对应的问题，使得所得到指标代表性较弱。

（1）对于出口额的探讨，为保持数据来源的一致性，本研究以第三次经济普查中工业、建筑业、重点服务业等财务报表中对应行业的出口值作为基础数据，以 EGSS 单位企业组织机构代码为识别依据，筛选汇总出 EGSS 领域对应行业的出口额，这一做法虽具有一定的可行性，但统计口径与营业收入、就业人数、增加值不一致，且筛选出的数据并不能完全代表 EGSS 领域中的出口额情况，仅具有部分代表性。

（2）对于增加值的研究，是利用总产出与增加值间的关系求得，计算的结果也存在诸多问题。一是使用大、中行业的增加值率来表征 EGSS 行业增加值率，降低了 EGSS 增加值的精准度；二是增加值计算是通过推算得到的，方法较为粗糙。

9.1.3　可行性分析

中国经济普查虽然在调查范围、指标获取等方面与 EGSS 统计框架存在一定差异，且数据连续性上也存在不足，但可以将其作为 EGSS 统计框架引入中国的切入点，并在此基础上不断完善。

（1）地方层面基本可将 EGSS 统计框架与经济普查相结合。第三次经济普查于 2013 年开展，本次研究将 EGSS 统计框架与此次经济普查相结合，结果表明依托经济普查数据，研究 EGSS 统计框架是可行的。将调查数据按照 EGSS 定义及分类标准进行筛选，获取属于 EGSS 统计框架的行业。以重庆市为例，最终锁定走访调研企业 3 655 家，其中属于环境保护活动（CEPA 2000）类别的有 2 135 家，属于资源管理活动（CReMA 2008）类别的有 1520 家。据分析结果知，2013 年重庆市 EGSS 营业额为 1 280.02 亿元人民币，就业人数 13.68 万人，出口额 23.5 亿元，增加值 425.76 亿元，其中环境保护类活动的增加值占 87.4%，资源管理类占 12.3%。

（2）目前通过 2013 年经济普查中的行业代码与 EGSS 分类对应，可直接核算出一部分数据。利用经济普查的基本单位普查表中的原始数据，增加了常规统计口径核算 EGSS

数据的可行性。但由于工作量大、国家层面不易操作等原因，需各级地方政府和相关职能部门协调配合。

9.2　战略性新兴产业统计与 EGSS 结合的可行性

9.2.1　基础条件

由于目前战略性新兴产业统计制度尚未建立，本研究仅从产品分类的角度对战略性新兴产业和 EGSS 统计框架做了比对分析，将 EGSS 统计框架与战略性新兴产业统计结合主要有以下几点基础条件：

（1）战略性新兴产业产品分类中的节能环保产业、新能源产业和新能源汽车产业基本可以和 EGSS 统计框架的分类标准较好衔接。绝大部分节能环保产业、新能源产业和新能源汽车产业中的产品都可以纳入 EGSS 统计框架中，并且按照 EGSS 统计框架的分类标准重新分类。

（2）战略性新兴产业产品分类与《国民经济行业分类》可以较好对应，可以为填写 EGSS 标准数据收集表格打下较好基础。EGSS 标准数据收集表格中要求统计传统行业分类中环境货物和服务所占的比例，而战略性新兴产业产品分类属于对《国民经济行业分类》的细化，可以与传统的行业分类较好对应。

9.2.2　差距与挑战

将 EGSS 统计框架与战略性新兴产业统计相结合也存在一些差距与挑战，主要表现为：

（1）节能环保产业的分类仍有待补充和细化。仍有相当一部分 EGSS 统计框架中的内容没有纳入战略性新兴产业产品分类。EGSS 统计框架中，环境保护类活动中的改良品和综合技术以及资源管理类活动中的森林资源管理、野生动植物群管理等活动类型，都没有纳入战略性新兴产业分类。

（2）相关统计活动尚未大范围开展，收集数据较为困难。目前，仅有"第三次经济普查"中有所涉及战略性新兴产业的调查，但所对应的指标较少，仅有"是否经营战略性新兴产品"和"战略性新兴产品收入"，无法满足 EGSS 统计框架中对战略性新兴产业的研究要求。

（3）战略性新兴产业的分类目录有可能会进一步修改或者动态更新，导致数据的连续性存在问题。

9.2.3 可行性分析

需从战略性新兴产业统计制度设计初期即将 EGSS 分类标准融入相关统计报表中。由于 EGSS 统计分类与我国现有的统计分类标准差异较大，通过公开的统计数据和目前已有的统计报表收集 EGSS 数据均无法较好地与 EGSS 统计框架完全对应。鉴于目前战略性新兴产业统计制度尚未明确，如果可以从制度设计初期即将 EGSS 分类标准融入基础统计报表，则有可能更有效地收集到准确数据。

9.3 小结

本章在总结前述各章工作的基础上，对从经济普查统计基表引入 EGSS 统计框架的基础条件、差距与挑战以及可行性进行了总结，同时分析了战略性新兴产业统计与 EGSS 结合的可行性。

（1）中国经济普查与 EGSS 统计框架虽在调查范围、指标获取及数据收集等方面存在一定差异，但可将其作为引入中国的切入点。中国经济普查虽然在调查范围、指标获取等方面与 EGSS 统计框架存在一定差异，且数据连续性上也存在不足，但可以将其作为 EGSS 统计框架引入中国的切入点，并在此基础上不断完善。通过对重庆市、武汉市引入 EGSS 进行实际操作，得出在地方层面上，基本可将 EGSS 统计框架与经济普查相结合。同时通过 2013 年经济普查中的行业代码与 EGSS 分类对应，可直接核算出一部分数据，但由于工作量大、国家层面不易操作等原因，需各级地方政府和相关职能部门协调配合。

（2）可从战略性新兴产业统计制度设计初期即将 EGSS 分类标准融入相关统计报表中。由于 EGSS 统计分类与我国现有的统计分类标准差异较大，通过公开的统计数据和目前已有的统计报表收集 EGSS 数据均无法较好地与 EGSS 统计框架完全对应。鉴于目前战略性新兴产业统计制度尚未明确，如果可以从制度设计初期即将 EGSS 分类标准融入基础统计报表，则有可能更有效地收集到准确数据。

第 10 章　结论和建议

本章是对全书研究成果的一个总结，系统回答了 EGSS 统计框架引入中国的可行性问题。

10.1　主要结论

本书结合 EGSS 统计框架的特征，从统计指标、统计范围、统计方式、统计技术流程等多角度比对、分析、评估从中国现有的统计体系中引入 EGSS 的难度大小及可行性，完成了中国引入 EGSS 统计体系的可行性分析，并以重庆市、武汉市为试点进行了数据收集，通过研究分析统计部门掌握的经济普查数据、企业联网直报数据等，进一步探索通过中国现有统计体系中已有的统计基础收集 EGSS 数据的可行性。主要结论如下：

（1）EGSS 统计框架引入中国的环保产业统计制度，既有一定条件和基础，也面临不少挑战。中国的环保产业统计制度正在建立过程，这为 EGSS 引入提供了很好的切入点，同时中国的环保产业常规统计基础弱，统计粗放，适应 EGSS 调整需开展许多的工作。

（2）可以尝试通过经济普查基表收集 EGSS 数据。经济普查是目前中国最为全面的与经济相关的统计调查活动，普查的范围较广，普查内容较为全面，具备一定的技术和制度保障。经济普查能够在小类层次归集出环境货物与服务部门数据，可以作为常规统计口径核算 EGSS 数据的一个尝试。但是需要在数据连续性、行业小类划分、统计的经济指标范围三个方面进行衔接融合。

（3）战略性新兴产业调查可作为中国引入 EGSS 统计框架的重要切入点之一。《战略性新兴产业分类（2012）（试行）》中包括了较为全面的节能环保产业分类目录，目前国家统计局正在研究制定战略性新兴产业的相关统计活动，提出 EGSS 统计框架与其结合的可行方案，做好前期介入准备工作，难度比修改现有的常规统计制度要更容易。但是战新统计主要是工业行业范围，国务院定位为支柱性产业，建议单独重点统计，并扩大统计范围，不仅限于工业，还要与 EGSS 统计范围结合起来。

10.2　政策建议

（1）通过经济普查的基本单位普查表中的原始数据，增进了常规统计口径核算 EGSS 数据的可行性。但由于工作量大、国家层面不易操作等原因，需各级地方政府和相关职能部门协调配合，为最大限度地增进在经济普查的基础上核算 EGSS 数据的可行性，可采用以下框架。

①由省市级统计局收集经济普查中各法人单位填报的所有报表，先从经济普查基础表、财务状况表中摘选出每一个法人单位的行业代码、就业人员情况、营业收入、营业税金及附加等指标，并提取劳动者报酬、生产税净额、固定资产折旧、营业盈余等用于计算增加值的指标以及出口额；

②将每个法人单位的上述信息整合到一个汇总表格中，根据行业填报代码与 EGSS 分类对应；

③将汇总后的信息按照行业分类、环境领域和产品属性分类汇总，即可获得 EGSS 相关数据。

该方法的主要问题是，财务状况表填写对象仅涉及联网直报的企业，对于非联网直报企业并不做要求，因此存在着数据对象不全的问题，特别是对出口额的核算。另外，由于此次经济普查数据中增加值核算暂时不能公开，因此，重庆市在核算增加值时，采用的是增加值与总产出之间的关系间接求得，待经济普查数据核准之后，方可用上述方法对增加值进行核算。

（2）战略性新兴产业是 EGSS 统计框架探索中关键性的一步，但在中国目前相关统计活动尚未大范围开展。下一步应将 EGSS 统计框架纳入战略性新兴产业统计制度中，以便为收集 EGSS 相关数据提供较好基础。具体包括：

一是补充和完善战略性新兴产业产品分类目录，细化和完善环境服务类产品、森林资源管理类产品、野生动植物群管理类产品等分类；

二是在基础统计报表中加入 EGSS 统计相关调查项目，从源头提高数据收集的准确度和全面度；

三是组织专门机构从 EGSS 统计框架的维度分析整合数据。

（3）EGSS 统计框架引入中国可采用"分阶段渐进式"的方式。综合考虑环保产业调查、战略性新兴产业统计、经济普查基表等，结合 EGSS 的统计维度、指标、流程，系统考虑，建议将 EGSS 统计框架引入中国可采用"分阶段渐进式"的方式。第一阶段可根据环保产业调查的数据、经济普查数据初步核算核心环境货物和服务的经济指标。本项目研究主要完成的是第一阶段的内容。第二阶段可重点针对常规统计口径和环保产业调查中无法识别的部分，进行补充调查。调查的重点领域包括：环境保护类活动的集成技术、资源管理类活动的环境特定与关联服务、关联产品、末端治理技术和集成技术。第三阶段可结合前两个阶段的研究成果，制定较为完整的基于 EGSS 统计框架的环境货物和服务产品目录，研究建立完善的、常规化的 EGSS 统计制度。

（4）将 EGSS 统计框架引入中国，并最终建立完善的 EGSS 统计制度，建议做好以下保障措施。一是由环保部门会同发改、工信、统计等多部门协调配合，做好环境货物和服务统计的组织机构保障。二是加强研究和试点，尽早构建 EGSS 统计的常规机制。三是加强能力建设，并做好 EGSS 统计的配套政策保障。四是加强国际交流合作，学习借鉴国外经验。

附表 1：国民经济行业分类与 EGSS 统计框架对应表

其中，"SS"代表专项环保服务，"CS"代表单用途环境服务，"CG"代表单用途环境产品，"ET"代表末端技术，"AG"代表改良品，"IT"代表综合技术。

行业小类代码	行业小类名称	类别	说明	EGSS 属性	EGSS 领域
0720	天然气开采	*	—液化天然气	AG	CEPA1
2512	人造原油制造	*	—生物燃油：生物柴油，秸秆制燃油，废物、废料制燃油，林木生物制燃油，其他生物燃油	AG	CEPA1
			—生物质致密成型燃料		
			—其他生物能源		
			—合成液体燃料：乙醇汽油、甲醇汽油、其他合成液体燃料		
3610	汽车整车制造	*	—汽油、柴油动力以外的整车制造	AG	CEPA1
3620	改装汽车制造	*	—汽油、柴油动力以外的改装车制造	AG	CEPA1
3713	铁路机车车辆配件制造	？*	—电力动力类车型的配件制造	AG	CEPA1
3720	城市轨道交通设备制造	√		AG	CEPA1
3762	助动自行车制造	√		AG	CEPA1
4500	燃气生产和供应业	*	—液化天然气（LNG）供应	AG	CEPA1
			—液化石油气供应		
3433	生产专用车辆制造	*	—电动（起升）车辆：电动平衡重乘驾式叉车、电动乘驾式仓储叉车、电动步行式仓储车辆、其他电动车辆	CG	CEPA1
3640	电车制造	√		CG	CEPA1
3711	铁路机车车辆及动车组制造	*	—铁路电力机车：微机控制直流电力机车、交流电力机车、其他铁路电力机车	CG	CEPA1
			—铁路蒸汽机车、蓄电池电力机车		
			—电力动车组：集中动力动车组、分散动力动车组		
2661	化学试剂和助剂制造	*	—尾气净化催化剂、气体净化催化剂等	ET	CEPA1

行业小类代码	行业小类名称	类别	说明	EGSS属性	EGSS领域
4840	工矿工程建筑	*	—污水处理厂的施工	ET	CEPA1
			—水处理系统的安装施工		
			—固体废弃物治理工程施工：如城市垃圾填埋、焚烧、分拣、堆肥等施工		
			—电、水、气生产建筑设施（部分）：污水处理建筑设施、燃气供应建筑设施、热力生产建筑设施、其他电、水、气生产建筑设施		
			—电力工程施工与发电机组设备安装：如水力发电、核能发电、风力发电等		
2511	原油加工及石油制品制造	*	—石油气，相关烃类气：液化石油气（打火机用丁烷气、其他液化石油气）、其他石油气和相关烃类气	SS	CEPA1
5162	石油及制品批发	*	—液化石油气批发和进出口	SS	CEPA1
5172	汽车批发	*	—汽油、柴油动力以外的汽车批发	SS	CEPA1
5173	汽车零配件批发	*	—汽油、柴油动力以外的汽车零配件批发	SS	CEPA1
5175	五金产品批发	? *	—自行车及配件批发和进出口：自行车和自行车零配件批发和进出口	SS	CEPA1
5211	百货零售	? *	—涉及环保相关的产品零售	SS	CEPA1
5238	自行车零售	?		SS	CEPA1
5261	汽车零售	*	—汽油、柴油动力以外的汽车零售	SS	CEPA1
5262	汽车零配件零售	*	—汽油、柴油动力以外的汽车零配件零售	SS	CEPA1
5297	生活用燃料零售	*	—液化石油气专门零售服务	SS	CEPA1
7111	汽车租赁	*	—汽油、柴油动力以外的汽车租赁	SS	CEPA1
7119	其他机械与设备租赁	*	—涉及环保相关的产品租赁	SS	CEPA1
7722	大气污染治理	√		SS	CEPA1
3413	汽轮机及辅机制造	? *			CEPA1
1332	非食用植物油加工	*	—植物油脂加工产品：植物蜡（甘蔗蜡、棉蜡、亚麻蜡、其他植物蜡）、油鞣回收脂（天然油鞣回收脂、人造油鞣回收脂、油脚、皂料、硬脂沥青、其他油鞣回收脂）	CG	CEPA2
3463	气体、液体分离及纯净设备制造	*	—气体液化设备：天然气液化设备、氧液化设备、氮液化设备、氩液化设备、煤气液化设备、其他气体液化设备	CG	CEPA2
			—酒精回收设备：甲醇回收塔、酒精回收塔、多功能酒精回收器、废酒精回收系统、其他酒精回收设备		
			—水过滤、净化机械及装置（反渗透装置、EDI装置、超滤设备、纳滤装置、精滤装置、机械过滤装置、软水器、离子交换器、中水回用装置、其他水过滤、净化机械及装置）		
			—其他液体过滤、净化机械		

行业小类代码	行业小类名称	类别	说明	EGSS 属性	EGSS 领域
3463	气体、液体分离及纯净设备制造	*	—气体净化器：再生式气体净化器、有害气体净化器、其他气体净化器	CG	CEPA2
			—其他气体过滤、净化机械及装置		
			—发动机燃油、进气过滤器：滤油器，吸气过滤器，机动车净化装置，其他发动机燃油、进气过滤器		
4620	污水处理及其再生利用	√		ET	CEPA2
4840	工矿工程建筑	*	—污水处理厂的施工	ET	CEPA2
			—水处理系统的安装施工		
			—电、水、气生产建筑设施（部分）：污水处理建筑设施、燃气供应建筑设施、热力生产建筑设施、其他电、水、气生产建筑设施		
2619	其他基础化学原料制造	*	—生物能源（部分）：生物氢气	IT	CEPA2
			—过氧化氢（双氧水）		
2681	肥皂及合成洗涤剂制造	? *	—植物油制造的天然肥皂	IT	CEPA2
4990	其他建筑安装业	*	—水处理安装服务	SS	CEPA2
1731	麻纤维纺前加工和纺纱	?		AG	CEPA3
1732	麻织造加工	?		AG	CEPA3
1751	化纤织造加工	? *	—符合再生资源的部分	AG	CEPA3
1789	其他非家用纺织制成品制造	? *	—符合再生资源、可降解的部分	AG	CEPA3
1910	皮革鞣制加工	? *	—再生皮革加工	AG	CEPA3
1921	皮革服装制造	? *		AG	CEPA3
1929	其他皮革制品制造	? *		AG	CEPA3
2041	竹制品制造	?		AG	CEPA3
2042	藤制品制造	?		AG	CEPA3
2043	棕制品制造	?		AG	CEPA3
2049	草及其他制品制造	?		AG	CEPA3
2120	竹、藤家具制造	?		AG	CEPA3
2435	天然植物纤维编织工艺品制造	?		AG	CEPA3
2663	林产化学产品制造	*	—林产色素（紫胶红色素）、林产蜡（虫白蜡）、桃胶粉等	AG	CEPA3

行业小类代码	行业小类名称	类别	说明	EGSS属性	EGSS领域
2911	轮胎制造	*	—翻新橡胶轮胎：乘用车用翻新橡胶轮胎、载货汽车翻新充气橡胶轮胎、客车用翻新橡胶轮胎、航空器用翻新橡胶轮胎、其他翻新橡胶轮胎	AG	CEPA3
2914	再生橡胶制造	√		AG	CEPA3
3034	防水建筑材料制造	? *	—再生胶改性沥青防水卷材	AG	CEPA3
2530	核燃料加工	*	—核废物处置	SS	CEPA3
3211	铜冶炼	*	—涉及再生的部分		CEPA3
3212	铅锌冶炼	*	—涉及再生的部分		CEPA3
3213	镍钴冶炼	*	—涉及再生的部分		CEPA3
3214	锡冶炼	*	—涉及再生的部分		CEPA3
3215	锑冶炼	*	—涉及再生的部分		CEPA3
3216	铝冶炼	*	—涉及再生的部分		CEPA3
3217	镁冶炼	*	—涉及再生的部分		CEPA3
3219	其他常用有色金属冶炼	*	—涉及再生的部分		CEPA3
3221	金冶炼	*	—涉及再生的部分		CEPA3
3222	银冶炼	*	—涉及再生的部分		CEPA3
3229	其他贵金属冶炼	*	—涉及再生的部分		CEPA3
3239	其他稀有金属冶炼	*	—涉及再生的部分		CEPA3
3461	烘炉、熔炉及电炉制造	*	—固体废弃物处理设备（部分）：垃圾焚烧炉（垃圾焚化电炉、平推式炉排炉、斜推式炉排炉、逆推式炉排炉、辊筒式炉排炉、流化床焚烧炉、回转窑室焚烧炉、其他垃圾焚烧炉） —船用垃圾焚烧炉	CG	CEPA3
3522	橡胶加工专用设备制造	*	—再生橡胶设备：破胶机、橡胶精炼机、其他再生橡胶设备	CG	CEPA3
3523	塑料加工专用设备制造	? *	—塑料加工辅助机械或装置：自动计量供料装置、塑料边角料自动回收装置、注塑制品自动取出装置、注塑模具冷却机	CG	CEPA3
3533	烟草生产专用设备制造	*	—再造烟叶机械 —废烟支、烟丝回收机械	CG	CEPA3
3541	制浆和造纸专用设备制造	*	—制浆、打浆设备：磨木机，破布清洗及打碎机，爆破法纤维分离机，打浆机，挤浆机，洗浆机，滤浆器，压浆机，精浆机，筛浆机，匀浆机，纤维回收机，除砂器，废纸或废纸板制浆机，造纸原料粉碎机，其他制浆、打浆设备	CG	CEPA3
4210	金属废料和碎屑加工处理	√		ET	CEPA3
4220	非金属废料和碎屑加工处理	√		ET	CEPA3

行业小类代码	行业小类名称	类别	说明	EGSS属性	EGSS领域
4840	工矿工程建筑	*	—固体废弃物治理工程施工：如城市垃圾填埋、焚烧、分拣、堆肥等施工	ET	CEPA3
7723	固体废物治理	√		ET	CEPA3
7724	危险废物治理	√		ET	CEPA3
5191	再生物资回收与批发	√		SS	CEPA3
2625	有机肥料及微生物肥料制造	√		AG	CEPA4
2632	生物化学农药及微生物农药制造	√		AG	CEPA4
2929	其他塑料制品制造	*	—（降解塑料制品） —生物分解塑料制品：天然高分子材料生物分解塑料制品、石化基生物分解塑料制品、生物基生物分解塑料制品、共混型生物分解塑料制品、其他生物分解塑料制品 —光降解塑料制品 —热氧降解塑料制品 —生物基塑料制品：淀粉基塑料制品、植物纤维基塑料制品、其他生物基塑料制品 —其他降解塑料制品	ET	CEPA4
5166	化肥批发	*	—有机肥及微生物肥料的批发和进出口	SS	CEPA4
5167	农药批发	*	—生物化学农药批发和进出口 —微生物农药的批发和进出口	SS	CEPA4
7620	水资源管理	*	—自然水系管理服务：河道管理服务、湖泊管理服务、地下水管理服务	SS	CEPA4
7690	其他水利管理业	*	—水资源保护服务 —水土流失防治服务 —水利资源开发利用咨询服务 —水环境保护咨询服务 —水土保持技术咨询服务 —节水管理与技术咨询服务：节水灌溉技术咨询服务、工业节水技术咨询服务、生活节水技术咨询服务	SS	CEPA4
7721	水污染治理	√		SS	CEPA4
3035	隔热和隔音材料制造	*	—隔音材料	CG	CEPA5
3049	其他玻璃制造	*	—多层隔温、隔音玻璃：中空玻璃，真空玻璃，其他多层隔温、隔音玻璃	CG	CEPA5
3660	汽车零部件及配件制造	*	—机动车辆散热器、消声器及其零件：机动车辆散热器（水箱），机动车辆消声器，机动车辆排气管，其他机动车辆散热器、消声器零件 —汽油、柴油动力以外车辆的零部件制造	CG	CEPA5
3990	其他电子设备制造	*	—（噪声与振动控制设备）	CG	CEPA5

行业小类代码	行业小类名称	类别	说明	EGSS属性	EGSS领域
5090	其他未列明建筑业	*	—工程环保设施施工：工程防声、防尘设施施工	CS	CEPA5
4990	其他建筑安装业	*	—隔声工程服务	SS	CEPA5
7729	其他污染治理	*	—噪声污染治理服务：制造企业噪声污染治理服务、建筑工地噪声污染治理服务、汽车噪声污染治理服务、其他噪声污染治理服务 —光污染治理服务 —其他未列明环境治理服务	SS	CEPA5
7711	自然保护区管理	√		SS	CEPA6
7719	其他自然保护	√		SS	CEPA6
3461	烘炉、熔炉及电炉制造	*	—放射性污染防治和处理设备（部分）：放射性材料处理炉（放射性废物焚烧炉、可裂变材料回收处理专用炉、分离已辐照核燃料专用炉、其他放射性材料处理炉）	CG	CEPA7
4027	核子及核辐射测量仪器制造	*	—核辐射监测报警仪器：射线烟雾探测器火灾报警器、核辐射剂量监测报警仪器、核反应堆用记录、监测仪器、核反应堆用报警仪器、其他核辐射监测报警仪器	CG	CEPA7
7725	放射性废物治理	√		SS	CEPA7
7320	工程和技术研究和试验发展	*	—动力与电力工程研究服务 —能源科学技术研究服务 —核科学技术研究服务 —水利工程研究服务 —海洋科学技术研究服务 —生物科学技术研究服务 —其他工程和技术研究与试验发展服务	SS	CEPA8
2665	环境污染处理专用药剂材料制造	√		CG	CEPA9
3562	电子工业专用设备制造	*	—净化设备及类似设备：空气净化设备、高纯气体制取设备、超纯水制取设备、废水处理设备、电磁屏蔽设备、防静电设备、其他净化设备及类似设备 —环境模拟和可靠性设备：力学试验设备、气候环境模拟试验设备、综合试验箱	CG	CEPA9
3591	环境保护专用设备制造	√		CG	CEPA9
4021	环境监测专用仪器仪表制造	√		CG	CEPA9
4320	通用设备修理	? *	—通用设备的改良品维修	SS	CEPA9
4330	专用设备修理	? *	—专用设备的改良品维修	SS	CEPA9
4341	铁路运输设备修理	? *	—电力动力类设备的维修	SS	CEPA9

行业小类代码	行业小类名称	类别	说明	EGSS属性	EGSS领域
4342	船舶修理	? *	—船舶用海水净化器等的维修	SS	CEPA9
4350	电气设备修理	? *	—发电机、发动机的改良品维修	SS	CEPA9
4360	仪器仪表修理	? *	—涉及环保相关的产品维修	SS	CEPA9
4390	其他机械和设备修理业	? *	—涉及环保相关的产品维修	SS	CEPA9
5169	其他化工产品批发	*	—专业化学产品批发和进出口：环境污染处理专用药剂材料、动物胶及其他专用化学产品批发和进出口 —橡胶制品批发和进出口：橡胶板、管、带，再生橡胶及其他橡胶制品批发和进出口 —塑料制品批发和进出口：工业塑料薄膜，塑料板、管、型材，泡沫塑料，塑料人造革、合成革，塑料包装箱及容器，塑料零件和其他塑料制品批发和进出口	SS	CEPA9
5179	其他机械设备及电子产品批发	*	—涉及环保相关的产品批发	SS	CEPA9
5990	其他仓储业	? *	—涉及环保相关的产品仓储	SS	CEPA9
7221	律师及相关法律服务	? *	—涉及环保相关的部分	SS	CEPA9
7222	公证服务	? *	—涉及环保相关的部分	SS	CEPA9
7229	其他法律服务	? *	—涉及环保相关的部分	SS	CEPA9
7231	会计、审计及税务服务	*	—涉及环保相关的部分	SS	CEPA9
7232	市场调查	*	—涉及环保相关的部分	SS	CEPA9
7239	其他专业咨询	*	—环境保护与治理咨询服务	SS	CEPA9
7430	海洋服务	*	—海洋环境保护服务 —海洋污染治理服务：海洋倾废服务、海洋工程污染治理服务、海洋船舶污染治理服务、其他海洋污染治理服务 —海洋环境预报、评估服务：海洋环境预报服务，海洋最佳航线预报服务，海洋环境评估分析服务，海洋灾害调查、评估分析服务，其他海洋环境预报、评估服务	SS	CEPA9
7461	环境保护监测	√		SS	CEPA9
7462	生态监测	√		SS	CEPA9
7481	工程管理服务	? *	—涉及环保相关的部分	SS	CEPA9
7482	工程勘察设计	? *	—涉及环保相关的部分	SS	CEPA9
7483	规划管理	? *	—涉及环保相关的部分	SS	CEPA9
7513	新材料技术推广服务	? *	—涉及环保相关的部分	SS	CEPA9
7519	其他技术推广服务	*	—涉及环保相关的部分	SS	CEPA9
7520	科技中介服务	? *	—环保技术的推广服务，以及清洁生产审核（非政府职能）、环境总承包服务	SS	CEPA9

行业小类代码	行业小类名称	类别	说明	EGSS属性	EGSS领域
7590	其他科技推广和应用服务业	? *	—涉及环保相关的部分	SS	CEPA9
7820	环境卫生管理	?		SS	CEPA9
7840	绿化管理	?		SS	CEPA9
8291	职业技能培训	? *	—涉及环保相关的部分	SS	CEPA9
8294	教育辅助服务	? *	—涉及环保相关的部分	SS	CEPA9
9121	综合事务管理机构	? *	—涉及环保相关的部分	SS	CEPA9
9124	社会事务管理机构	*	—各级政府部门从事环保等行政事务	SS	CEPA9
9126	行政监督检查机构	*	—与环境保护有关的检查、监督、稽查、查处活动（如森林、沙漠化、水土保持、河流、湖泊、海洋、大气、野生动植物，以及废气、污水、垃圾、废弃物、噪声、有毒有害物质等）	SS	CEPA9
9429	其他社会团体	*	—动植物保护、生态环境保护等社会团体	SS	CEPA9
9430	基金会	*	—环境、卫生等基金会	SS	CEPA9
9600	国际组织	? *	—涉及环保相关的部分	SS	CEPA9
3734	船用配套设备制造	*	—船舶专用设备：船用海水淡化装置	AG	CReMA10
4690	其他水的处理、利用与分配	*	—海水淡化处理	AG	CReMA10
3443	阀门和旋塞制造	? *	—可以减少用水量的水龙头	IT	CReMA10
3597	水资源专用机械制造	*	—清淤机械：沟渠清淤机械、水库清淤机械、港口清淤机械、水电站尾水清淤机械、管道清淤机械、其他清淤机械	SS	CReMA10
			—水利专用机械：排水机械、闸门启闭机（器）、升船机、拦污装置、破冰机械、其他水利专用机械		
4822	河湖治理及防洪设施工程建筑	*	—水利土石方工程服务：河湖整治工程服务	SS	CReMA10
4830	海洋工程建筑	*	—沿岸工程设施：滨海污水海洋处置工程设施	ET	CReMA10
			—海水利用设施：海水淡化设施、海水直接利用设施、海水淡化利用设施		
7610	防洪除涝设施管理	*	—河道湖泊治理服务	ET	CReMA10
220	造林和更新	√		CG	CReMA11a
522	森林防火服务	√		ET	CReMA11a
230	森林经营和管护	?		SS	CReMA11b
7712	野生动物保护	√		SS	CReMA12
7713	野生植物保护	√		SS	CReMA12
3811	发电机及发电机组制造	*	—发电机组：水轮发电机组、汽轮发电机组、风力发电机组、核发电机组、其他发电机组	CG	CReMA13a
			—电机及发电机组专用零件：风力发电机组零件、其他电机及发电机组专用零件		

行业小类代码	行业小类名称	类别	说明	EGSS 属性	EGSS 领域
3825	光伏设备及元器件制造	√		CG	CReMA13a
4412	水力发电	√		CG	CReMA13a
4414	风力发电	√		CG	CReMA13a
4415	太阳能发电	√		CG	CReMA13a
4419	其他电力生产	√		CG	CReMA13a
4830	海洋工程建筑	*	—海洋能利用设施：波浪能利用设施、潮汐能利用设施、潮流能利用设施、海底热能利用设施	CG	CReMA13a
4840	工矿工程建筑	*	—电力工程施工与发电机组设备安装：如水力发电、核能发电、风力发电等	CS	CReMA13a
3412	内燃机及配件制造	*	—点燃式活塞内燃机：沼气发动机、其他点燃式活塞内燃发动机 —代用燃料内燃机：煤气内燃机、天然气内燃机、甲醇内燃机、沼气发动机等 —其他未列明发动机	AG	CReMA13b
3414	水轮机及辅机制造	√		AG	CReMA13b
3415	风能原动设备制造	√		AG	CReMA13b
3419	其他原动设备制造	√		AG	CReMA13b
3465	风动和电动工具制造	？*	—风动工具制造	AG	CReMA13b
3861	燃气、太阳能及类似能源家用器具制造	*	—（沼气用具） —（太阳能用具）	AG	CReMA13b
3869	其他非电力家用器具制造	*	—沼气用具零件：沼气炊事器具、保暖器零件，沼气热水器零件，其他沼气用具零件 —太阳能用具零件：太阳能炊事器具、保暖器零件，太阳能热水器零件，其他太阳能用具零件	AG	CReMA13b
3441	泵及真空设备制造	*	—风动力泵等	IT	CReMA13b
7514	节能技术推广服务	√		SS	CReMA13b
2614	有机化学原料制造	*	—生物能源（部分）：生物丁醇、沼气	AG	CReMA13c
2912	橡胶板、管、带制造	？*	—涉及天然橡胶、再生橡胶的部分	AG	CReMA13c
2913	橡胶零件制造	？*	—涉及天然橡胶、再生橡胶的部分	AG	CReMA13c
2915	日用及医用橡胶制品制造	？*	—涉及天然橡胶、再生橡胶的部分	AG	CReMA13c
2919	其他橡胶制品制造	？*	—涉及天然橡胶、再生橡胶的部分	AG	CReMA13c
0190	其他农业	*	—除虫菊的种植	CG	CReMA13c
5162	石油及制品批发	*	—人造原油批发和进出口	SS	CReMA13c
4413	核力发电				CReMA13c

说明："类别"栏中各项标识意义如下："√"表示该行业类别全部活动属于 EGSS。"*"表示该行业类别活动部分属于 EGSS。"？"表示暂时不能界定该行业活动是否属于 EGSS。"？*"表示暂时不能界定该行业活动是否部分属于 EGSS。

附表 2：战略性新兴产业产品分类与 EGSS 统计框架对应表

代码	战略性新兴产业分类名称	行业代码/产品代码	行业名称/产品名称	EGSS 中的产品属性	EGSS 中的环境领域
1	节能环保产业				
1.1	高效节能产业				
1.1.1	高效节能通用设备制造			AG	CReMA13B
		3411	锅炉及辅助设备制造	AG	CReMA13B
		3441	泵及真空设备制造	AG	CReMA13B
		3442	气体压缩机械制造	AG	CReMA13B
		3444	液压和气压动力机械及元件制造	AG	CReMA13B
		3461	烘炉、熔炉及电炉制造	AG	CReMA13B
		3462	风机、风扇制造	AG	CReMA13B
		3464	制冷、空调设备制造	AG	CReMA13B
		3490	其他通用设备制造业	AG	CReMA13A/B
1.1.2	高效节能专用设备制造			AG	CReMA13B
		3511	矿山机械制造	AG	CReMA13B
		3515	建筑材料生产专用机械制造	AG	CReMA13B
		3516	冶金专用设备制造	AG	CReMA13B
		3521	炼油、化工生产专用设备制造	AG	CReMA13B
		3531	食品、酒、饮料及茶生产专用设备制造	AG	CReMA13B
		3532	农副食品加工专用设备制造	AG	CReMA13B

代码	战略性新兴产业 分类名称	行业代码/ 产品代码	行业名称/ 产品名称	EGSS 中的 产品属性	EGSS 中的 环境领域
		3546	玻璃、陶瓷和搪瓷制品生产专用设备制造	AG	CReMA13B
		3572	机械化农业及园艺机具制造	AG	CReMA13B
1.1.3	高效节能电气机械器材制造			AG	CReMA13B
		3811	发电机及发电机组制造	AG	CReMA13B
		3812	电动机制造	AG	CReMA13B
		3821	变压器、整流器和电感器制造	AG	CReMA13B
		3839	其他电工器材制造	AG	CReMA13A/B
		3871	电光源制造	AG	CReMA13A
1.1.4	高效节能工业控制装置制造			AG	CReMA13B
		4012	电工仪器仪表制造	AG	CReMA13B
		4014	实验分析仪器制造	AG	CReMA13B
		4019	供应用仪表及其他通用仪器制造	AG	CReMA13B
1.1.5	新型建筑材料制造			AG	CReMA13B
		2641	涂料制造	AG	CReMA13B
		2927	日用塑料制品制造	AG	CReMA13B
		3021	水泥制品制造	AG	CReMA13B
		3024	轻质建筑材料制造	AG	CReMA13B
		3031	黏土砖瓦及建筑砌块制造	AG	CReMA13B
		3035	隔热和隔音材料制造	AG	CReMA13B
		3051	技术玻璃制品制造	AG	CReMA13B
		3062	玻璃纤维增强塑料制品制造	AG	CReMA13B
1.2	先进环保产业				
1.2.1	环境保护专用设备制造				
		3562	电子工业专用设备制造	存疑	
		363210	净化设备及类似设备	存疑	
		3591	环境保护专用设备制造	ET	

代码	战略性新兴产业 分类名称	行业代码/ 产品代码	行业名称/ 产品名称	EGSS 中的 产品属性	EGSS 中的 环境领域
		365001	大气污染防治设备	ET	CEPA1
			水污染防治设备	ET	CEPA2
			固体废物处理处置设备	ET	CEPA3
		365005	放射性污染防治和处理设备	ET	CEPA7
			土壤污染治理与修复设备	ET	CEPA4
			其他环境污染治理专用设备	ET	CEPA9
		3597	水资源专用机械制造	不属于 EGSS	
		3990	其他电子设备制造		
			噪声与振动控制设备	ET	CEPA5
1.2.2	环境保护监测仪器及电子设备制造				
		4021	环境监测专用仪器仪表制造	SS	
		410701	水污染监测仪器	CG	CEPA2/CReMA10
		410702	气体或烟雾分析、检测仪器	CG	CEPA1
			噪声监测仪器、相关环境监测仪器	CG	CEPA5
			船舶防污检测系统	CG	CEPA9
			环境监测仪器仪表	CG	CEPA9
			环境质量监测网络专用设备	CG	CEPA9
			生态监测仪器	CG	CEPA6
			污染源过程监控设备	CG	CEPA9
		4027	核子及核辐射测量仪器制造	CG	CEPA7
1.2.3	环境污染处理药剂材料制造				
		2665	环境污染处理专用药剂材料制造	ET	
			水污染防治药剂、材料	ET	CEPA2
			大气污染防治药剂、材料	ET	CEPA1
			固体废物处理处置药剂、材料	ET	CEPA3

代码	战略性新兴产业分类名称	行业代码/产品代码	行业名称/产品名称	EGSS 中的产品属性	EGSS 中的环境领域
			土壤污染治理与修复药剂、材料	ET	CEPA4
			其他环境污染处理药剂、材料	ET	CEPA9
1.2.4	环境评估与监测服务				
		7239	其他专业咨询	SS	CEPA9
		7409100000	环境保护与治理咨询服务	SS	CEPA9
		7461	环境保护监测	SS	CEPA9
		7606010000	环境评估服务	SS	CEPA9
		760602	空气污染监测服务	SS	CEPA1
		760603	水污染监测服务	SS	CEPA2
		760604	废料监测服务	SS	CEPA3
		760605	噪声污染监测服务	SS	CEPA5
		760699	其他环境监测服务	SS	CEPA9
		7462	生态监测	SS	CEPA6
		760606	自然生态监测服务	SS	CEPA6
1.2.5	环境保护及污染治理服务				
		4620	污水处理及其再生利用	SS	CEPA2
		7430	海洋服务	SS	CEPA9
		7719	其他自然保护	SS	CEPA9
		8001990300	森林固碳服务	SS	CEPA1
			生态保护区等管理服务	SS	CEPA6
		7721	水污染治理	SS	CEPA2
		7722	大气污染治理	SS	CEPA1
		7723	固体废物治理	SS	CEPA3
		7724	危险废物治理	SS	CEPA3
		7725	放射性废物治理	SS	CEPA7
		7729	其他污染治理	SS	
			噪声与振动控制服务	SS	CEPA5
			生态恢复及生态保护服务	SS	CEPA6
			土壤污染治理与修复服务	SS	CEPA4

代码	战略性新兴产业分类名称	行业代码/产品代码	行业名称/产品名称	EGSS 中的产品属性	EGSS 中的环境领域
			环境应急治理服务	SS	CEPA9
			其他未列明污染治理服务	SS	CEPA9
		7810	市政设施管理		
		8101010100	城市污水排放管理服务	SS	CEPA2
		8101010200	城市雨水排放管理服务	不属于 EGSS	
1.3	资源循环利用产业				
1.3.1	矿产资源综合利用	多种	多种	IT	CReMA14
1.3.2	工业固体废物、废气、废液回收和资源化利用	多种	多种	IT	Multiple
1.3.3	城乡生活垃圾综合利用	多种	多种	IT	CEPA3
1.3.4	农林废弃物资源化利用			IT	CEPA3
1.3.5	水资源循环利用与节水			SS	CReMA10
1.4	节能环保综合管理服务			SS	
1.4.1	节能环保科学研究			SS	CReMA15
1.4.2	节能环保工程勘察设计			SS	CReMA 13B/CReMA16
1.4.3	节能环保工程施工			SS	CReMA 13B/CReMA16
1.4.4	节能环保技术推广服务			SS	Cepa3/CReMA 13B/CReMA16
1.4.5	节能环保质量评估			SS	CEPA9/CReMA16

附表3：企业调查基表——单位普查表（611表）

表号： 611 表

制定机关： 国家统计局
国务院经济普查办公室

文号： 国统字（2013）56 号

2013 年　　有效期至： 2014 年 6 月

01 报表类别（104）　□A 农业　　B 工业　　　C 建筑业　　E 批发和零售业　　S 住宿和餐饮业

　　　　　　　　　　X 房地产开发经营业　　T 铁路系统　　J 金融系统　　U 其他

02 单位类型（110）　□　　1 法人单位　　　2 产业活动单位

03 普查小区代码（107）□□　　　　10 底册顺序码（108）□□□□□□□□□□

04 行业代码（103）□□□（国民经济行业类别（GB/T 4754—2011）是否经营战略性新兴产业产品

05 单位所在地区划代码（105）□□□□□□□□□□□□战略性新兴产业产品全年收入＿＿＿＿元

06 单位注册地区划代码（106）□□□□□□□□□□□□

调查对象基本情况和经济指标

项目 1　组织机构代码（101）□□□□□□□□—□

项目 2　单位详细名称（102）　＿＿＿＿＿＿＿＿＿＿＿

项目 3　法定代表人（单位负责人）（201）　＿＿＿＿＿＿＿＿＿＿

项目 4　开业（成立）时间（202）＿＿＿＿年＿＿＿＿月

项目 5　主要业务活动（或主要产品）（103-1）

1 ＿＿＿＿＿＿＿＿＿　　2 ＿＿＿＿＿＿＿＿＿＿　　3 ＿＿＿＿＿＿＿＿＿＿

项目 6　地理位置

项目 6A　单位所在地（105-2）

＿＿＿＿＿＿省（自治区、直辖市）＿＿＿＿＿＿地（区、市、州、盟）＿＿＿＿＿县（区、市、旗）

＿＿＿＿＿＿乡（镇）＿＿＿＿＿街（村）、门牌号

单位位于：＿＿＿＿＿＿街道办事处＿＿＿＿＿＿社区（居委会）

项目 6B　单位注册地（106-2）

＿＿＿＿＿＿省（自治区、直辖市）＿＿＿＿＿＿地（区、市、州、盟）＿＿＿＿＿县（区、市、旗）

＿＿＿＿＿＿乡（镇）＿＿＿＿＿街（村）、门牌号

单位位于：＿＿＿＿＿＿街道办事处＿＿＿＿＿＿社区（居委会）

项目7 联系方式（203）

长途区号□□□□

固定电话□□□□□□□□-□□□□□   电子邮箱_____

移动电话□□□□□□□□□□□   网　　址_____

传真号码□□□□□□□□-□□□□□

邮政编码□□□□□□

项目8 机构类型（211）□□

10 企业　　　20 事业单位　　30 机关　　　40 社会团体　　　51 民办非企业单位

52 基金会　　53 居委会　　　54 村委会　　90 其他组织机构

项目9 营业状态（208）□

1 营业　　2 停业（歇业）　　3 筹建　　4 当年关闭　　5 当年破产　　9 其他

项目10 登记注册（或批准）机关名称、级别、注册号（204）（如登记注册或批准机关为多个，请复选）

机关级别：1 国家　　2 省（自治区、直辖市）　　3 地（区、市、州、盟）　　4 县（区、市、旗）

1. 工商行政管理部门　　　　　机关级别□　　　　登记注册号_____

2. 编制部门　　　　　　　　　机关级别□　　　　登记注册号_____

3. 民政部门　　　　　　　　　机关级别□　　　　登记注册号_____

4. 国家税务部门　　　　　　　机关级别□　　　　登记注册号_____

5. 地方税务部门　　　　　　　机关级别□　　　　登记注册号_____

9. 其他（请注明批准机关）　　机关级别□　　　　_____

项目11 登记注册类型（205）□□□

内资		港澳台商投资	外商投资
110 国有	159 其他有限责任公司	210 与港澳台商合资经营	310 中外合资经营
120 集体	160 股份有限公司	220 与港澳台商合作经营	320 中外合作经营
130 股份合作	171 私营独资	230 港澳台商独资	330 外资企业
141 国有联营	172 私营合伙	240 港澳台商投资股份有限公司	340 外商投资股份有限公司
142 集体联营	173 私营有限责任公司	290 其他港澳台投资	390 其他外商投资
143 国有与集体联营	174 私营股份有限公司		
149 其他联营	190 其他		
151 国有独资公司			

项目12 企业控股情况（206）□

1 国有控股　　2 集体控股　　3 私人控股　　4 港澳台商控股　　5 外商控股　　9 其他

项目13 隶属关系（207）□□

10 中央　　　20 省（自治区、直辖市）　　40 地（区、市、州、盟）　　50 县（区、市、旗）

61 街道　　　62 镇　　　　63 乡　　　71 社区（居委会）　　72 村委会　　90 其他

项目14 会计制度情况

项目14A 执行会计标准类别（209）□

1 企业会计制度　　2 事业单位会计制度　　3 行政单位会计制度　　4 民间非营利组织会计制度　　9 其他

项目 14B　是否执行 2006 年《企业会计准则》（210）□　　　1 是　　2 否

项目 15　法人单位经济指标

从业人员（192）　　　　　从业人员期末人数_____人　　　其中：女性_____人

项目 15A　企业主要经济指标（193）

营业收入_____元　　　　　其中：主营业务收入_____元

营业税金及附加_____元　　　其中：主营业务税金及附加_____元

资产总计_____元　　　　　实收资本_____元

项目 15B　非企业法人单位填报（194）

非企业单位支出（费用）_____元　　年末资产_____元

项目 16　单位类别和产业活动单位归属法人单位情况

单位类别□（181）

1 法人单位本部（总部、本店、本所等）　　　2 法人单位分支机构（分部、分厂、分店、支所等）

产业活动单位归属法人单位情况（182）

法人单位组织机构代码□□□□□□□—□　　　法人单位详细名称_____

法人单位详细地址_____　　　法人单位行政区划代码□□□□□□

项目 17　产业活动单位经济指标

从业人员（192）从业人员期末人数_____人　　　其中：女性_____人

项目 17A　经营性单位填报　　　经营性单位收入（195）_____元

项目 17B　非经营性单位填报　　　非经营性单位支出（费用）（196）_____元

项目 18　行业指标

项目 18B　仅工业法人单位填报（B01）

本年煤炭消费量_____吨

项目 18C　仅建筑业法人单位填报（C01）

建筑业企业资质等级（请填写资质证书编号前 4 位，没有资质等级的企业填写"9999"）　　□□□□

项目 18X　仅房地产开发经营业法人单位填报（X01）

房地产开发经营业企业资质等级□　1 一级　2 二级　3 三级　4 四级　5 暂定　9 其他

项目 18E　批发和零售业法人单位和产业活动单位填报

批发和零售业企业经营形式（E01）□ 1 独立门店　2 连锁总店（总部）　3 连锁门店 9 其他

零售业态（E02）□□□□

有店铺零售

1010 食杂店　1020 便利店　1030 折扣店　1040 超市　　1050 大型超市　1060 仓储会员店

1070 百货店　1080 专业店　1090 专卖店　1100 家居建材商店 1110 购物中心　1120 厂家直销中心

无店铺零售

2010 电视购物　2020 邮购　　2030 网上商店　2040 自动售货亭　2050 电话购物

批发和零售业年末零售营业面积（E03）_____平方米

项目 18S　住宿和餐饮业法人单位和产业活动单位填报

住宿和餐饮业企业经营形式（S01）□　1 独立门店　2 连锁总店（总部）　3 连锁门店　9 其他

住宿业企业星级评定情况（S02）□　1 一星　2 二星　3 三星　4 四星　5 五星　9 其他

住宿和餐饮业年末餐饮营业面积（S03）_____平方米

项目19　法人所属产业单位情况（212）

产业活动单位数_____个（单产业法人本指标填1，免填所属产业活动单位情况）

项目19A　多产业法人所属产业单位情况

序号	*单位类别	组织机构代码	单位详细名称	详细地址	区划代码	联系电话	主要业务活动（或主要产品）	行业代码	从业人员期末人数（人）	经营性单位收入（或非经营性单位支出）（元）
甲	1	2	3	4	5	6	7	8	9	10
......										

*单位类别：1 法人单位本部（总部、本店、本所等）　2 法人单位分支机构（分部、分厂、分店、支所等）

单位负责人：　统计负责人：　填表人：　联系电话：　报出日期：20　年　月　日

说明：1.统计范围：辖区内除联网直报调查单位、铁路和金融系统法人单位以外的全部法人单位和全部产业活动单位。

2.报送日期及方式：普查员2014年3月31日前利用手持电子终端设备采集数据，通过无线网络或在乡级普查机构通过统计内网报送到指定服务器中。

3.本表涉及的填报目录：《国民经济行业分类》（GB/T 4754—2011）、2013年《统计用区划代码和城乡划分代码》和《建筑业企业资质等级编码》。

4.填报说明：

（1）"报表类别"（104）中的"金融系统"是指由人民银行、银行业监督管理协会、保险监督管理协会、证券监督管理协会垂直管理的单位，"铁路系统"是指原铁道部垂直管理的单位。

（2）企业或执行企业会计制度的法人单位填报"企业主要经济指标"（193）内全部指标，免填"非企业法人单位指标"（194）内全部指标。

（3）非企业且不执行企业会计制度的法人单位填报"非企业主要经济指标"（194）内全部指标，免填"企业法人单位指标"（193）内全部指标。

（4）铁路系统、金融系统的视同法人单位和产业活动单位免填"企业主要经济指标"（193）、"非企业法人单位指标"（194）内全部指标。

5.本表为通用表。在使用PDA采集数据时，自动将表式按"报表类别"（104）和"单位类型"（110）进行分表，实现所见即所填。

附表4：企业调查基表——规模以上工业法人单位财务状况（B603-1表）

（非成本费用调查单位填报）

表号： B603－1 表
制定机关： 国家统计局 国务院经济普查办公室
文号： 国统字（2013）56 号
有效期至： 2014 年 6 月
计量单位： 千元

组织机构代码 □□□□□□□□-□
单位详细名称： 2013 年

指标名称	代码	本年	指标名称	代码	本年
甲	乙	1	甲	乙	1
一、年初存货	101		营业成本	307	
其中：产成品	102		其中：主营业务成本	308	
二、期末资产负债	—		营业税金及附加	309	
流动资产合计	201		其中：主营业务税金及附加	310	
其中：应收账款	202		其他业务利润	311	
存货	205		销售费用	312	
其中：产成品	206		管理费用	313	
在产品	207		其中：税金	314	
固定资产合计	208		财务费用	317	
固定资产原价	209		其中：利息收入	318	
累计折旧	210		利息支出	319	
其中：本年折旧	211		资产减值损失	320	
在建工程	212		公允价值变动收益（损失以"－"号记）	321	
资产总计	213		投资收益（损失以"－"号记）	322	
流动负债合计	214		营业利润	323	
其中：应付账款	215		营业外收入	325	
非流动负债合计	216		其中：补贴收入	324	
负债合计	217		营业外支出	326	
所有者权益合计	218		利润总额	327	
其中：实收资本	219		应交所得税	328	
国家资本	220		四、人工成本及增值税	—	
集体资本	221		应付职工薪酬（本年贷方累计发生额）	401	
法人资本	222		应交增值税	402	
个人资本	223		五、其他资料	—	
港澳台资本	224		工业总产值（当年价格）	601	
外商资本	225		工业销售产值（当年价格）	602	
三、损益及分配	—		其中：出口交货值	603	
营业收入	301				
其中：主营业务收入	302				

单位负责人： 统计负责人： 填表人： 联系电话： 报出日期：20 年 月 日

说明：1.统计范围：辖区内规模以上工业非成本费用调查法人单位。

2.报送日期及方式：调查单位次年 2 月 28 日 24 时前网上填报；省级统计机构次年 4 月 15 日 24 时前完成数据审核、验收、上报。

3.审核关系：

（1）年初存货（101）≥其中：产成品（102）

（2）流动资产合计（201）＞其中：应收账款（202）+其中：存货（205）

（3）存货（205）≥其中：产成品（206）+其中：在产品（207）

（4）资产总计（213）≥流动资产合计（201）+固定资产合计（208）

（5）流动负债合计（214）＞应付账款（215）

（6）负债合计（217）≥流动负债合计（214）

（7）所有者权益合计（218）=资产总计（213）–负债合计（217）

（8）所有者权益合计（218）＞实收资本（219）

（9）实收资本（219）=国家资本（220）+集体资本（221）+法人资本（222）+个人资本（223）+港澳台资本（224）+外商资本（225）

（10）营业收入（301）≥其中：主营业务收入（302）

（11）营业成本（307）≥其中：主营业务成本（308）

（12）营业税金及附加（309）≥其中：主营业务税金及附加（310）

（13）管理费用（313）＞其中：税金（314）

（14）当利润总额（327）＞0 时，利润总额（327）＞应交所得税（328）

（15）工业销售产值（602）≥其中：出口交货值（603）

（16）允许所有者权益合计（218）、财务费用（317）、其他业务利润（311）、营业利润（323）、投资收益（322）、利润总额（327）、应交增值税（402）小于 0，并用"–"号表示。

附表5：企业调查基表——规模以上工业法人单位成本费用（B603-2表）

（成本费用调查单位填报）

表号： B603－2表
制定机关： 国家统计局
国务院经济普查办公室
文号： 国统字（2013）56号
有效期至： 2014年6月

组织机构代码□□□□□□□□-□

单位详细名称：

2013年　　　计量单位：千元

指标名称	代码	本年	指标名称	代码	本年
甲	乙	1	甲	乙	1
一、年初存货	101		其他直接费用	804	
其中：产成品	102		其中：支付给个人部分	805	
二、期末资产负债	—		上交给政府部分	897	
流动资产合计	201		制造费用	806	
其中：应收账款	202		生产单位管理人员工资	807	
存货	205		生产单位管理人员福利费	808	
其中：产成品	206		折旧费	809	
在产品	207		修理费	810	
固定资产合计	208		经营租赁费	811	
固定资产原价	209		保险费	812	
累计折旧	210		取暖费	813	
其中：本年折旧	211		运输费	814	
在建工程	212		劳动保护费	815	
资产总计	213		其中：保健补贴、洗理费	816	
流动负债合计	214		工具摊销	817	
其中：应付账款	215		设计制图费	818	
非流动负债合计	216		研发、试验检验费	819	
负债合计	217		水电费	820	
所有者权益合计	218		其中：上缴的各项税费	821	
其中：实收资本	219		机物料消耗	822	
国家资本	220		差旅费	823	
集体资本	221		办公费	824	
法人资本	222		劳务费	825	
个人资本	223		邮政通信费	826	
港澳台资本	224		外部加工费	827	
外商资本	225		社保费	828	
三、制造成本	801		其他制造费用	829	
直接材料消耗	802		其中：支付给个人部分	830	
直接人工	803		上交给政府部分	898	

指标名称	代码	本年	指标名称	代码	本年
甲	乙	1	甲	乙	1
四、销售费用	312		印刷费	864	
运输费	831		会议费	865	
装卸费	832		水电费	866	
包装费	833		其中：上缴的各项税费	867	
保险费	834		警卫消防费、人防基金	868	
仓库保管费	835		仓库经费	869	
委托代销手续费	836		劳动保护费	870	
广告费、展览费、宣传费	837		其中：保健补贴、洗理费	871	
业务费	838		上交管理费	872	
经营租赁费	839		职工取暖费和防暑降温费	873	
销售服务费用	840		劳务费	874	
销售部门人员工资	841		社保费	875	
销售部门人员福利费	842		住房公积金和住房补贴	876	
差旅费	843		董事会费	877	
办公费	844		聘请中介机构费（审计费）	878	
邮政通信费	845		咨询费	879	
招待费	846		诉讼费	880	
折旧费	847		业务招待费	881	
修理费	848		税金	314	
机物料消耗	849		上交的各种专项费用	882	
低值易耗品摊销	850		技术转让费	883	
社保费	851		职工教育经费	884	
其他销售费用	852		技术（研究）开发费	885	
其中：支付给个人部分	853		其中：支付科研人员的工资及福利费	886	
上交给政府部分	899		汽车费支出	887	
五、管理费用	313		排污费	888	
公司经费	854		绿化费	889	
其中：行政管理人员工资	855		坏账准备	890	
行政管理人员福利费	856		存货跌价准备	891	
折旧费	857		其他管理费用	892	
差旅费	315		其中：支付给个人部分	893	
办公费	858		上交给政府部分	900	
修理费	859		六、财务费用	317	
机物料消耗	860		利息收入	318	
低值易耗品摊销	861		利息支出	319	
工会经费	316		汇兑损失	894	
无形资产摊销	862		金融服务和调剂外汇手续费	895	
邮政通信费	863		其他财务费用	896	

指标名称	代码	本年	指标名称	代码	本年
甲	乙	1	甲	乙	1
七、损益及分配	—		八、人工成本及增值税	—	
营业收入	301		应付职工薪酬（本年贷方累计发生	401	
其中：主营业务收入	302		额）		
营业成本	307		应交增值税	402	
其中：主营业务成本	308		进项税额	403	
营业税金及附加	309		销项税额	404	
其中：主营业务税金及附加	310		九、其他资料	—	
其他业务利润	311		工业总产值（当年价格）	601	
资产减值损失	320		工业销售产值（当年价格）	602	
公允价值变动收益（损失以"–"			其中：出口交货值	603	
号记）	321				
投资收益（损失以"–"号记）	322				
营业利润	323				
营业外收入	325				
其中：补贴收入	324				
营业外支出	326				
利润总额	327				
应交所得税	328				

单位负责人：　　　统计负责人：　　　填表人：　　　联系电话：　　　报出日期：20　年　月　日

说明：1.统计范围：辖区内规模以上工业成本费用调查法人单位。

2.报送日期及方式：调查单位次年 2 月 28 日 24 时前网上填报；省级统计机构次年 4 月 15 日 24 时前完成数据审核、验收、上报。

3.审核关系：

（1）年初存货（101）≥其中：产成品（102）

（2）流动资产合计（201）＞其中：应收账款（202）+其中：存货（205）

（3）存货（205）≥其中：产成品（206）+其中：在产品（207）

（4）资产总计（213）≥流动资产合计（201）+固定资产合计（208）

（5）流动负债合计（214）＞应付账款（215）

（6）负债合计（217）≥流动负债合计（214）

（7）所有者权益合计（218）=资产总计（213）–负债合计（217）

（8）所有者权益合计（218）＞实收资本（219）

（9）实收资本（219）=国家资本（220）+集体资本（221）+法人资本（222）+个人资本（223）+港澳台资本（224）+外商资本（225）

（10）制造成本（801）=直接材料消耗（802）+直接人工（803）+其他直接费用（804）+制造费用（806）

（11）当其他直接费用（804）＞0 时，其他直接费用（804）＞其中：支付给个人部分（805）

（12）当其他直接费用（804）＞0 时，其他直接费用（804）＞其中：上交给政府部分（897）

（13）制造费用（806）=生产单位管理人员工资（807）+生产单位管理人员福利费（808）+折旧费（809）+修理费（810）+经营租赁费（811）+保险费（812）+取暖费（813）+运输费（814）+劳动保护费（815）+工具摊销（817）+设计制图费（818）+研发、试验检验费（819）+水电费（820）+机物料消耗（822）+差旅费（823）+办公费（824）+劳务费（825）+邮政通信费（826）+外部加工费（827）+社保费（828）+其他制造费用（829）

（14）劳动保护费（815）≥其中：保健补贴、洗理费（816）

（15）当水电费（820）＞0时，水电费（820）＞其中：上缴的各项税费（821）

（16）当其他制造费用（829）＞0时，其他制造费用（829）＞其中：支付给个人部分（830）

（17）当其他制造费用（829）＞0时，其他制造费用（829）＞其中：上交给政府部分（898）

（18）销售费用（312）=运输费（831）+装卸费（832）+包装费（833）+保险费（834）+仓库管理费（835）+委托代销手续费（836）+广告费、展览费、宣传费（837）+业务费（838）+经营租赁费（839）+销售服务费用（840）+销售部门人员工资（841）+销售部门人员福利费（842）+差旅费（843）+办公费（844）+邮政通信费（845）+招待费（846）+折旧费（847）+修理费（848）+物料消耗（849）+低值易耗品摊销（850）+社保费（851）+其他销售费用（852）

（19）当其他销售费用（852）＞0时，其他销售费用（852）＞其中：支付给个人部分（853）

（20）当其他销售费用（852）＞0时，其他销售费用（852）＞其中：上交给政府部分（899）

（21）管理费用（313）=公司经费（854）+工会经费（316）+无形资产摊销（862）+邮政通信费（863）+印刷费（864）+会议费（865）+水电费（866）+警卫消防费、人防基金（868）+仓库经费（869）+劳动保护费（870）+上交管理费（872）+职工取暖费和防暑降温费（873）+劳务费（874）+社保费（875）+住房公积金和住房补贴（876）+董事会费（877）+聘请中介机构费（审计费）（878）+咨询费（879）+诉讼费（880）+业务招待费（881）+税金（314）+上交的各种专项费用（882）+技术转让费（883）+职工教育经费（884）+技术（研究）开发费（885）+汽车费支出（887）+排污费（888）+绿化费（889）+坏账准备（890）+存货跌价准备（891）+其他管理费用（892）

（22）公司经费（854）＞行政管理人员工资（855）+行政管理人员福利费（856）+折旧费（857）+差旅费（315）+办公费（858）+修理费（859）+机物料消耗（860）+低值易耗品摊销（861）

（23）当水电费（866）＞0时，水电费（866）＞其中：上缴的各项税费（867）

（24）劳动保护费（870）≥其中：保健补贴、洗理费（871）

（25）当技术（研究）开发费（885）＞0时，技术（研究）开发费（885）＞其中：支付科研人员的工资及福利费（886）

（26）当其他管理费用（892）＞0时，其他管理费用（892）＞其中：支付给个人部分（893）

（27）当其他管理费用（892）＞0时，其他管理费用（892）＞其中：上交给政府部分（900）

（28）财务费用（317）=利息支出（319）−利息收入（318）+汇兑损失（894）+金融服务和调剂外汇手续费（895）+其他财务费用（896）

（29）营业收入（301）≥其中：主营业务收入（302）

（30）营业成本（307）≥其中：主营业务成本（308）

（31）营业税金及附加（309）≥其中：主营业务税金及附加（310）

（32）工业销售产值（602）≥其中：出口交货值（603）

（33）允许所有者权益合计（218）、其他业务利润（311）、财务费用（317）、公允价值变动收益（321）、投资收益（322）、营业利润（323）、利润总额（327）、应交增值税（402）小于0，并用"−"号表示。

附表6：企业调查基表——有总承包和专业承包资质的建筑业法人单位财务状况（C603表）

表号：   C603表

制定机关：国家统计局 国务院经济普查办公室

文号：   国统字（2013）56号

有效期至：2014年6月

组织机构代码□□□□□□□□-□

单位详细名称：   2013年   计量单位：千元

指标名称	代码	本年	指标名称	代码	本年
甲	乙	1	甲	乙	1
一、年初存货	101		港澳台资本	224	
二、期末资产负债	—		外商资本	225	
流动资产合计	201		三、损益及分配	—	
其中：应收工程款	203		营业收入	301	
存货	205		其中：主营业务收入	302	
固定资产合计	208		营业成本	307	
固定资产减值准备	226		其中：主营业务成本	308	
固定资产原价	209		营业税金及附加	309	
累计折旧	210		其中：主营业务税金及附加	310	
其中：本年折旧	211		其他业务利润	311	
在建工程	212		销售费用	312	
资产总计	213		管理费用	313	
流动负债合计	214		其中：税金	314	
其中：应付账款	215		财务费用	317	
非流动负债合计	216		其中：利息收入	318	
负债合计	217		利息支出	319	
所有者权益合计	218		资产减值损失	320	
其中：实收资本	219		公允价值变动收益（损失以"–"号记）	321	
国家资本	220		投资收益（损失以"–"号记）	322	
集体资本	221		营业利润	323	
法人资本	222		营业外收入	324	
个人资本	223		其中：补贴收入	325	

指标名称	代码	本年	指标名称	代码	本年
甲	乙	1	甲	乙	1
营业外支出	326		四、人工成本	—	
利润总额	327		应付职工薪酬（本年贷方累计发生额）	401	
应交所得税	328		五、其他资料	—	
			建筑业企业在境外完成的营业收入	611	

单位负责人：　　　统计负责人：　　　填表人：　　　联系电话：　　　报出日期：20　年　月　日

说明：1.统计范围：辖区内有总承包和专业承包资质的建筑业法人单位。

2.报送日期及方式：调查单位次年2月28日24时前网上填报；省级统计机构次年4月15日24时前完成数据审核、验收、上报。

3.审核关系：

（1）201≥203+205　　　（2）210≥211　　　（3）208≥（209−210）+212

（4）213≥201+208　　　（5）214≥215　　　（6）217≥214+216

（7）218≥219　　　（8）218=216−217　　　（9）219=220+221+222+223+224+225

（10）301≥302　　　（11）307≥308　　　（12）309≥310

（13）313≥314　　　（14）323≥301−307−309−316−316−317

附表7：企业调查基表——限额以上批发和零售业法人单位商品购进、销售和库存（E604表）

表号：　　　　E604-1表

制定机关：　　国家统计局
　　　　　　　国务院经济普查办公室

文号：　　　　国统字（2013）56号

有效期至：　　2014年6月

组织机构代码□□□□□□□□-□

单位详细名称：　　　　　　　　　　2013年

指标名称	计量单位	代码	本年
甲	乙	丙	1
商品购进额	千元	01	
其中：进口	千元	02	
商品销售额	千元	03	
批发额	千元	04	
其中：出口	千元	05	
零售额	千元	06	
期末商品库存额	千元	07	

单位负责人：　　　统计负责人：　　　填表人：　　　联系电话：　　　报出日期：20　年　月　日

说明：1.统计范围：辖区内限额以上批发和零售业法人单位。

2.报送日期及方式：调查单位次年2月28日24时前网上填报；省级统计机构次年4月15日24时前完成数据审核、验收、上报。

3.审核关系：

（1）本表填报数据大于或等于零

（2）01≥02　　　（3）03＝04+06　　　（4）04≥05　　　（5）07≥01-03

附表 8：企业调查基表——重点服务业法人单位

财务状况（F603 表）

表号： F603 表

制定机关： 国家统计局
国务院经济普查办公室

文号： 国统字（2013）56 号

组织机构代码□□□□□□□□-□

有效期至： 2014 年 6 月

单位详细名称：　　　　　　　　　2013 年

计量单位： 千元

指标名称	代码	本年	上年同期
甲	乙	1	2
一、年初存货	101		
二、期末资产负债	—		
固定资产原价	209		
本年折旧	211		
资产总计	213		
负债合计	217		
所有者权益合计	218		
三、损益及分配	—		
营业收入	301		
其中：主营业务收入	302		
营业成本	307		
其中：主营业务成本	308		
营业税金及附加	309		
其中：主营业务税金及附加	310		
销售费用	312		
管理费用	313		
其中：税金	314		
财务费用	317		
其中：利息收入	318		
利息支出	319		
投资收益（损失以"-"号记）	322		
营业利润	323		

指标名称	代码	本年	上年同期
甲	乙	1	2
利润总额	327		
应交所得税	328		
四、人工成本及增值税	—		
应付职工薪酬（本年贷方累计发生额）	401		
应交增值税	402		

单位负责人：　　　统计负责人：　　　填表人：　　　联系电话：　　　报出日期：20　年　月　日

说明：1.统计范围：辖区内重点服务业法人单位。包括：交通运输、仓储和邮政业，信息传输、软件和信息技术服务业，租赁和商务服务业，科学研究和技术服务业，水利、环境和公共设施管理业，居民服务、修理和其他服务业，教育，卫生和社会工作，文化、体育和娱乐业；以及物业管理、房地产中介服务等行业。

2.报送日期及方式：调查单位次年 2 月 28 日 24 时前网上填报；省级统计机构次年 4 月 15 日 24 时前完成数据审核、验收、上报。

3.本表"上年同期"数据由调查单位自行填报。

4.审核关系：

（1）218=216-217　　　　（2）301≥302　　　　（3）307≥308

（4）309≥310　　　　（5）313>314　　　　（6）当 327>0 时，327>328

参考文献

[1] 徐嵩龄. 世界环保产业发展透视：兼谈对中国的政策思考[J]. 管理世界，1997（4）：177-187.

[2] OECD. Statistical office of the European Communities. The Environmental Goods and Services Industry[M]. 1999.

[3] VAUGHNPASURKA D，CARL A. The U.S. Environmental Protection Industry：The Technical Document[J]. Regulation，1995.

[4] 李丽平. 环境产品缘何受 APEC 关注？[N]. 中国环境报，2012-09-11（004）.

[5] 王劲峰. 中日两国环境保护产业分类的比较分析[J]. 中国环保产业，2002（4）：31-33.

[6] ENVIRONMENTAL I，ACCOUNTING E. United Nations[J]. European Commission，International Monetary Fund Organisation for Economic Cooperation and Development World Bank，2003.

[7] OLSSON N，JOHANSSON U. Environmental Expenditure Statistics：Industry Data Collection Handbook[M]. Publications Office，2005.

[8] 国家环境保护总局. 2000 年全国环境保护相关产业状况公报[J]. 中国环保产业，2006（5）：8-11.

[9] 中华人民共和国统计法[J]. 中华人民共和国全国人民代表大会常务委员会公报，1996（4）：8-15.

[10] 欧盟统计局. 欧盟经济活动统计分类体系[S]. 欧盟统计局，2008.

[11] SURHONE L M，TENNOE M T，HENSSONOW S F. National Industrial Symbiosis Programme[M]. Betascript Publishing，2011.

[12] 唐啸. 绿色经济理论最新发展述评[J]. 国外理论动态，2014（1）：125-132.

[13] 刘葭，郝前进. 国际环保产业统计对中国的启示[J]. 统计与决策，2010（9）：35-37.

[14] 刘晓静. 中国环保产业定义与统计分类[J]. 统计研究，2007，24（8）：22-25.

[15] 张明欣. 介绍一门新兴的统计——环境统计[J]. 中国统计，1981（1）：39-40.

[16] 李宝娟，王政，莫杏梅，等. 环保产业统计调查制度现状分析与建议[J]. 环境保护，2013（12）：42-43.

[17] 国务院. 国务院关于加快培育和发展战略性新兴产业的决定[J]. 工业设计，2010（10）：24.

[18]   国家统计局网站. 第三次全国经济普查主要数据公报（第一号）[J]. 中国经贸，2015（1）：26-29.

[19]   国家统计局. 战略性新兴产业分类（2012）（试行）[EB/OL]. http：//www.stats.gov.cn/tjbz/ zlxxxcyfl2012.pdf.

[20]   董战峰，译. 欧盟环境货物和服务部门统计使用手册[M]. 北京：科学出版社，2014.

[21]   国家统计局. 国民经济行业分类[EB/OL]. http：//www.stats.gov.cn/tjsj/tjbz/hyflbz/.

[22]   柯群. 德尔菲法[J]. 科学管理研究，1982（5）：11.